卢苏伟 著

你要配得上自己所受的苦

We're
Strong Life

中国友谊出版公司

图书在版编目（ＣＩＰ）数据

你要配得上自己所受的苦 / 卢苏伟著. — 北京：
中国友谊出版公司, 2018.9（2019.3重印）
ISBN 978-7-5057-4504-9

Ⅰ.①你… Ⅱ.①卢… Ⅲ.①人生哲学－通俗读物
Ⅳ.①B821-49

中国版本图书馆 CIP 数据核字（2018）第 219661 号

本著作物经宝瓶文化事业股份有限公司独家授权，在中国大陆出版、发行中文简体字版本。

书名	你要配得上自己所受的苦
作者	卢苏伟
出版	中国友谊出版公司
发行	中国友谊出版公司
经销	新华书店
印刷	河北鹏润印刷有限公司
规格	880×1230 毫米　32 开
	7.5 印张　137 千字
版次	2018 年 10 月第 1 版
印次	2019 年 3 月第 2 次印刷
书号	ISBN 978-7-5057-4504-9
定价	45.00 元
地址	北京市朝阳区西坝河南里 17 号楼
邮编	100028
电话	（010）64678009

如发现图书质量问题，可联系调换。质量投诉电话：010-82069336

contents

目 录

关于工作：将职场里的每一天，都当作投资

关于教养：父母要跟着孩子一起长大

关于成功：真正的成功，要经过重重难关与考验

关于婚姻：必须长期用心经营

关于自我：探索自我，是我们这一生都要做的功课

你要配得上自己所受的苦

把人生变得更美好的重建课

　　这是一本特别的书，书中谈的不是人生的大道理，而是自我对话和解读。这世界之大，人口之多，谁又会真正了解我们呢？没有！所以，我用一整年的沉淀，写下了这本独特的书。书中有许多生命的故事，请不要用逻辑的头脑去思辨，而是用深度的觉知来读。最重要的是，希望你越来越懂得自己，越来越能够和自己真正对话！

　　在繁杂的世界，每天都有各种意外和灾难发生，关掉电视和网络，我们仍然无法平静。当你拿起这本书，我们就有了共同的目标，人生已经走了那么长的一段路，生命中的种种见识和经验也累积了很多，每天我们都像个演员，走着几乎固定的舞台和台步，说着自己不用思索就能脱口而出的台词，我们为什么而活着？活着的意义究竟是什么？每天来来去去，我们究竟要得到什么，过什么样的生活？每天都这么疲累，感觉好像没有好好休息过，有必要这样吗？是谁主导和掌控着我们的生活？又是谁让我们远离了自己的灵魂，感觉到漂泊和不安呢？我们在为谁生活和工作？或许你已经累到不愿意去思考，你觉得，即使知道了所有，明天依然要披着旧皮囊、戴上旧面具，继续过同样的生活。以前我的生活也是这样，最后我决定给自己的人生找一条自己喜欢的出路。我没有离开这个社会，也没有改变自己的生活，我开始倾听自己内在的声音，学会放松自己，让自己的内心恢复宁静。净空的心，自带一种愉悦，我才恍然觉知，生命可以重新与自我和好，让自己安心和舒畅！

　　这本书没有特定的重点和主题，借由一个个平凡、简单的故事，让我们彼此对话，也开启你和自己对话的窗口。为了让你和我之间能轻松自在地对话，编排上刻意让十八篇故事一点一点地散落开来，你可以挑你喜欢的，一点一点品尝。你会意外地发现，和自己愉悦地对话，是非常美好的过程，你也可以按顺序一篇一篇阅读，像剥洋葱般一层一层深入，让自己逐步遇见真正的自己。我不会借由这本书激励你的斗志，要求你做一个有目标和梦想的人，我希望和你坐在你喜欢的角落，谈一些私密的人生话题，静静地、一点一点地慢慢聊！在这个世界，如果连我们都不关心和了解自己，谁又会来看重和赏识我们呢？没有人比自己更重要，每一个人都是单独地生活在这个世界，不论你有多光鲜的头衔和成就，你真正能拥有的只有自己！让我们一起阅读自己，而不是抱怨自己所受的苦，让我们走在幸福与成功的道路上，现在经受的这些苦难最终会变成蜜般的甘甜！

懂得自己，我们就会知道，我们手上拥有的一直都是全世界最棒的幸福，你一直很棒！一直很好！而且是全世界最棒、最好的一个人！

卢苏伟 谨识

2017.11.18

关于挫败：
上天给的最好礼物

　　从现在开始改变，还有机会，否则未来会愈加困难。

　　一切都是从零开始，做多少，我们就拥有多少。

上天给劼利的最好礼物

劼利是个典型的男人，他卖力工作，希望能成为父母引以为荣的儿子，太太和孩子尊敬的先生、父亲。

他学历不高，从基层做起，一路做到成立了自己的公司。他唯一的孩子杰奇，可能是他生命中最大的挫败。

杰奇被动、没有责任感，劼利常为了杰奇而烦心。劼利不明白为什么他如此努力，孩子却不如他的期待。

刚开始，他很谦虚地承认是自己的失败，后来就有了许多抱怨。例如，妻子过度宠爱孩子、学校老师不够用心、社会环境欠佳、孩子交到不好的朋友，等等。

"如果我有能力，我就移民，或把孩子送到国外。"

我听着劼利的抱怨，很希望能帮上一点忙。

"杰奇是上天送给你最好的礼物。"

"礼物？他是我生命中最大的灾难，我一生的成功都因他而蒙羞。"

劼利不明白为什么他能够以不高的学历，从社会的底层做起，白手起家，不但有自己的公司，居住在豪宅区，出入还开名车，却有一个不如他期待的孩子。

他不明白，他给了杰奇这么好的环境、这么好的条件，为什么杰奇就是样样都做不好。

"你期待中的杰奇应该怎样，你才会觉得自己是一个成功的爸爸呢？"

一个成绩名列前茅，可以让父亲引以为荣的孩子，可以和他的豪宅和名车一样，让他拿来代表他的成功，可以让他得到别人的注目和赞叹……但劼利却不承认。

他告诉我，他期待的杰奇，成绩不一定要很好，但至少不能太差；不一定要读什么名校，但至少要读个公立高中，大学至少要是公立大学；未来也不一定要继承他的事业，但至少要有能力养活自己。可是杰奇什么都做不到。

小学靠托管班老师的努力，杰奇的成绩还能名列前茅，上了初中一年级，也都还能考到前段名次，但他并不满意，他知道孩子一旦不能保持在前三名，就无法考上理想的学校。

劼利没有和孩子商量就利用关系把他转到了私立学校。

杰奇当然知道他的表现未能获得爸爸的赏识，他虽然不愿意转学，但也只能默默承受。其实他也很想考好，在这所私立学校，父母都有着共同的期待，就是希望孩子能考上前三志愿的学校，所以学生都成了考试机器。

杰奇实在无法应对每天、每一节课都有的考试，而且每次考试成绩都会发给爸爸妈妈。爸爸妈妈每次看到他几乎全不及格的分数，就不断地担心和指责他，虽然他们都尽量保持风度，忍住不发飙。

杰奇也知道好的成绩能让他赢得父母的赏识和重视，但他就是不懂自己为什么做不到，而同学却可以保持很好的成绩。

有一天，他终于懂了，原来每次小考之后都是彼此交换考卷打分，但大部分同学根本没有交换，他们要多少成绩都由自己填上去。

老师似乎也知道，但并没有太在意。另外有同学经由学长或补习班弄到答案，事先把答案写好，等交换批改考卷时，他改到的同学都接近满分。

期中考试也有作弊的渠道，例如某几科的考卷都会提前外流，但这些同学为了保持自己的排名，都秘而不宣。

杰奇花了一学期才弄懂了这些门道，他很轻松就拿到了能让爸爸开心的成绩单。他也知道这都是假的，但只要能暂时改变爸爸铁青、严肃的脸就够了，以后怎样，一点都不重要。

杰奇花了许多时间经营这些门道，反而很少花时间认真读书。

孩子不是物品，他需要被了解

他觉得分数才重要，其他都是假的。当然，等学测成绩一出来，他的爸妈不免大失所望。他们不懂为什么杰奇在学校的考试成绩都很好，但学测的成绩却不理想。

杰奇的爸妈并没有怀疑杰奇的努力，他们相信杰奇的说法，认为是答题卡填错了，只是等到第二次学测成绩也是如此时，他的爸妈心碎了。

他们心想，输掉高中考试无所谓，因为真正决胜负的是大学的入学考。

他们都未与杰奇商量，就把杰奇送到一所要住宿的远地学校，杰奇也并没有因为这次的教训而改变自己的学习态度。

一开始，他还是抱着混的心情，看能不能有捷径可以拿到高分。很可惜，他在原来学校所用的烂招在这里一点都不管用，加上他初中时又没有好好用功，所以学习成绩远远比不上同班同学。就这样，他混不下去了，想找其他的出路又找不到。

这个学校比以前的学校更像升学补习班，他最后被迫退学，转回原来学校的高中部。他又用熟悉的老招，让成绩提高了，但高中不比初中好混，没多久，他又混不下去了。

他再次被迫休学，整天窝在家里，拒绝与父母对话和沟通，亲子关系也越来越恶化。

杰奇的爸爸从媒体上得知了我辅导偏差行为孩子的故事。

他在万般无奈下，专程来拜访我，希望我能给他一个他所期待的孩子，一个积极主动、奋发向上，能够让他自豪的孩子。

类似的场景，我已不知经历了多少次，我发现劫利并不想多知道什么，他只想得到他想要的结果。

他不在乎花多少钱，他是个生意人，觉得没有用钱办不到的事。

他想聘我当他孩子专任的辅导老师，无论条件多高，他都可以接受。

"我帮不了你的孩子。"

"为什么？"

他无法理解我帮助的其他孩子比他的孩子问题都多，我都可以改变他们，为什么帮不上杰奇呢？

孩子的自私，来自父母的自私对待

每个孩子都有他们的独特性，都有他们适合的位置。

有些孩子出类拔萃、名列前茅，从而成为父母的骄傲，但那些孩子未必能一路赢下去。只有很少数的孩子会很顺利，一如父母期待的，完成所有任务。

大部分的孩子，有的赢在了起跑线上，却输掉了整个人生；有的孩子会找到适合他的位置，却输掉一部分人生；也有的孩子会输在父母的期待上，而把自己封闭起来。

劼利是个了不起的人，能把输在前半段的人生，在后面赢回来，但他的孩子却只赢得一小段，而输掉了整个人生。

如果劼利持续他的幸运，也拥有一个如他期待的孩子，从小名列前茅、就读名校，一路顺遂，我想劼利的人生会更加封闭和贫乏。

他想要什么，一定都要得到，但孩子是个独立的生命，是个人，不是我们可以操控和决定的。

优渥的环境或许很重要，但我们如果不管孩子的想法和感受，只一味地想到我们的期待和失望，最后孩子也不会理睬我们的想法和感受，把自己封闭起来。

"孩子的自私，其实是来自父母的自私对待。"

杰奇会是个礼物，因为他能让劼利看见自己的自私和无知。

我们不能随意对待任何一个生命，无论是我们的顾客、员工、另一半，还是孩子。

劼利的成功，来自他操控他的顾客和员工，他可以朝着他希望的路途努力，他赚到了钱。他用同样的手法操控他的婚姻，他的太太以他为王，因为她的生活所需必须依赖他的供给。现在，他也想操控他的孩子。

在孩子的童年时期，他似乎还能得到他想要的结果，但当孩子进入青春期，他就发现，孩子只是巧于应付他的表面需求。他不仅未能真正主导孩子，被孩子玩弄了都还不自知。

"生命是个学习的历程，我们付出什么，就学习到什么。"

劼利并未能体会我的话，我强调的是"学习"，他却只习惯"获得"和"占有"。

他付出了很多，但并没有得到他想要的。他认为"要怎么收获，就要怎么付出"是一句谎言。他用功利的眼神看待孩子，自私地把孩子当成自己的宠物。

"宠物？我的确不该养孩子，应该养一条狗。狗忠心，又不会找麻烦。"

这是事实，越来越多的人选择不婚，他们认为学习和另一个人怎样相处，是在自找麻烦。许多人选择做"丁克族"（不生育小孩），因为养小孩，既耗钱又费心。养宠物简单多了，只要用心照顾，它们就不会有任何意见，我们带它到哪里它都不会顶嘴，也不会要求被赏识和尊重。

婚姻和亲子关系是需要学习的，另一半不会如我们期待，把我们当成君王般尊崇。再说，即使是君王，也未必会得到真正的尊敬和服从，孩子更是如此。

我们的掌控会随着孩子长大而趋弱，孩子会越来越有自己独特的意见和想法，会和我们越来越不一样。

他不再顺服，不再依赖，如果我们对孩子的付出只是为了得到，孩子也会计算怎么样用最少的付出得到最大的收获。

最有钱的穷人

孩子短视近利，不知珍惜和感恩是很自然的，因为他只是被视为父母的商品，父母不曾真正关心过他，他当然也不会对父母付出真爱。最后，只会伤害和毁掉彼此间的幸福。

夫妻和亲子是相互成就的，要不就双赢，要不就双输。

"输什么？就当作没生、没养。"

劼利似乎已没什么耐心，因为他来找我是带着一丝希望的，期待我像魔法师般点化他的孩子，让他做一个有尊荣的父亲，可惜的是，我什么也做不了。

"从现在开始改变，还有机会，否则未来会愈加困难。"

这是最好的时刻，错失了，劼利会失去更多。

没有孩子的人很多，一个人不会因为没有婚姻和小孩而不幸福；但一个有婚姻和孩子的人，会因为拒绝去投资和经营家庭，而失去所有的幸福。

"幸福？在这个时代，有钱才有幸福，有钱才可以买到尊重，其余都是假的。"

劼利是个生意人，没有钱，什么都免谈。在商场上，钱的确有非常重要的价值，但除了钱之外，劼利一无所有。

"我有房子、车子、企业，怎么会一无所有呢？"

住最华丽的超大豪宅，开名贵豪华的车子，待在自己的办公室，时间会流逝，人会老去，在生命的旅程中，我们想拥有的就只有这些吗？一堆数字和一堆所有权，还有呢？

"讲这些都是多余的，我的公司有一堆博士、硕士，我的孩子却什么都不是。"

一个不上进的孩子的确很伤父亲的心，但如果这个父亲知道他的孩子之所以如此，是因为他所有的努力都不曾得到父亲的赏识，放弃努力是在向父亲求助，这个父亲还忍心让孩子继续封闭和慢性自杀吗？

"谁不想有个优秀的孩子？"

孩子优秀与否与金钱无关，每个孩子都有自己的位置。

平凡的生命也没有什么不好，绝大部分的人都选择做一个平凡的人。劼利虽比一般上班族多一些优势，但他也是个平凡人，我也是。为什么一定要期待孩子杰出和优秀，一定要如我们所愿做一个让我们以他为荣的人呢？

"我们拥有一个健康的孩子已经够富有了，如果能够使其拥有正向、积极的态度，我们该心满意足了。"

孩子的生命是属于他们自己的，有他们的选择，我们不能决定孩子的任何一件事。我们唯一能做的，就是陪他们走人生的一段路，和他们共有一段学习成长的历程，其余的都是孩子自己的责任和选择。

我们无须担忧和关心，就完全交给孩子，让他们自己去做决定吧。

"孩子让我们跌到谷底，我们才有机会重新出发。"

一切都是从零开始，做多少，我们就拥有多少。

我们有什么理由不珍惜和感恩呢？

劼利有两个选择，一个是继续他过去的方式，另一个是选择和孩子及太太重新建立关系。只要他愿意，做多少，他就拥有多少，稳赚不赔，没有比婚姻和亲情的投资拥有更大回报的！

人 生 的 重 建 课

关于挫败

谁能给你生命中最珍贵和难得的礼物呢？

健康、快乐、幸福、财富……

这些都是很好的礼物，

但如果没有了爱，

这些礼物都将失色。

选择给自己生命最好的一份礼物，

学习去付出，

学习去爱。

真正的礼物，

会自动到位哦！

关于蜕变：
别把他人的人生扛在自己肩上

生命是何等珍贵的资产，她却全耗在先生和儿子的不够好上。

要改变他们父子不是一件容易的事，但改变自己，婕莹却是可以办到的。

"你还要拿他们父子的错误惩罚自己多久呢？"我问婕莹。

让自己过得更好的方法

婕莹是我辅导的个案小赞的妈妈，在这几年的接触里，我发现了很多问题，我很想帮她，但怎么样都使不上力。最近她又因先生有外遇的事来找我，问我该怎么办。

"这已经不是第一次了，从过去的事情里，你学到了什么呢？"

"男人是不值得信任的！"

婕莹有这样的想法，的确是经验给她的。

她好几次都想放弃，虽然先生每次有外遇，她都选择了原谅，但她的先生却一再违背承诺，这一次也一样。她很伤心，为什么先生要欺骗她呢？加上小赞也一再让她失望，她变得非常沮丧。

"他们没有欺骗你，你的先生和孩子并不知道'说到就要做到'是件很困难的事。"

"知道做不到，就不要承诺啊！一个男人怎么可以说话不算话呢？”

我无意替婕莹的先生和孩子辩解，我只想让她了解，先生和孩子的不够好和不如期待，不是她的错，她没有理由伤心和难过。

她的先生从事业务方面的工作，有许多和异性接触、应酬的机会，如果没有自控力，很容易发生一些越轨的事情。

她的孩子不喜欢读书，喜欢玩乐交友，朋友多，是非也多，许多事都不是他所能预料和防范的，于是多次进出法院和少管所，每一次出事他都承诺不会再犯，却一再犯错。

“圣人都很难言出必行，说到做到。”

婕莹还是认为做人的基本条件，就是要有信用。一个人说到，却做不到，信用破产，就没资格做一个人。

我无法反驳婕莹，她的看法没有错，但有多少人能真正做到呢？那些政治人物或公众人物，有几个人是言行一致的呢？我希望婕莹能放低对先生和孩子的期待，这样她自己会好过一点。

“他们父子都很会说谎，都是骗子！”

婕莹边骂边哭，重复几年来不变的哭诉剧情，我能怎么做呢？我只有一个目标，就是希望婕莹能好过一点。

别拿他人的错误惩罚自己

生命是何等珍贵的资产，她却全耗在先生和儿子的不够好上。要改变他们父子不是一件容易的事，但改变自己，婕莹却是可以办到的。

"你还要拿他们父子的错误惩罚自己多久呢？"我问婕莹。

婕莹泪眼婆娑，眼前一片模糊，她看不清楚自己的未来和现在的处境。

她可以一辈子都不改变，一辈子都不原谅他们父子，但这样又有谁好过了呢？大部分人都未觉察到，我们生命中的许多能量都耗在无法改变的过去，但怨和恨能改变什么呢？最重要的是，婕莹要有觉知，必须重新给自己好的选择。

"我有什么办法呢？命啊！我在破碎的家庭中长大，又遇到破碎的婚姻，我的人生注定要破碎。"

婕莹和以前一样，没有太大的改变和成长。我们无法选择父母，但另一半是我们选的，孩子是我们生的，我们难道不能决定自己的想法和情绪吗？当然，我绝对尊重婕莹选择自己所要的一切。

在无法改变他人时，转换自己的心情

先生有外遇和孩子不够好，或许我们的努力都无法改变，但换个角度，换种心情，应该是可以做到的，婕莹对我的说法却不认同。

"做错事的人是我的先生，你应该教他改变，应该教他学习吧？怎么会把责任都归到我身上呢？"

婕莹原本希望从我这里得到一些同情和安抚，但我给她的却不是她想要的。

其实我和她的先生谈过，那个男人很怕别人说教，所以我只是轻描淡写地告诉他：聪明的男人要懂得投资另一半和家庭。

婕莹的先生却告诉我：男人要趁年轻及时享乐，太太、孩子不需要看得太重要。人生就是要多姿多彩，有漂亮、年轻的女人投怀送抱，拒绝的人才是傻瓜。

我能说什么呢？每个人的价值观不同，当我们改变不了别人时，就要让自己好过些。

我一直认为婕莹是可以改变的，关键在于她有没有意愿要改变。

改变的意愿来自痛苦，觉知到痛苦难以忍受，才可能会有强烈的改变意愿和动机。

"离婚是解决痛苦的唯一方法。"

先爱自己，才会有人爱你

从我认识婕莹起，离婚就是她最常提到的解决方法，可是这么多年了，她并没有离婚，只是一直和先生吵吵闹闹、分分合合。

她原生家庭的父母，也是离婚后，彼此都再婚的，但他们快乐吗？非但不快乐，还带给子女许多痛苦，这是婕莹多年来没离婚的原因，但不离婚就一定解决得了所有问题吗？婕莹就会快乐吗？先生一再有外遇，当然是不应该，但一个家的经营是双方持续努力的结果，而婕莹一直认为她付出得多，享受得少。

"为什么不对自己好一点，先学会照顾好自己呢？"

婕莹再次掉泪，她认为当太太的要以先生为重，当妈妈的要以孩子为优先。煮饭时，她都先想到先生和孩子喜欢吃的，从不会想到自己，这是让她最伤心的地方。

她全心全意为先生和孩子着想，他们却一再违逆她、折磨她。

"不懂爱自己的人，是不会有人爱她的。"

煮饭煮的第一道菜一定是自己喜欢吃的，至于先生和孩子喜不喜欢，一点都不重要。要让自己知道煮饭是为自己煮的，打扫也优先整理自己的，买东西一定要先买自己的，自己赚的钱先满足自己的需求，然后再考虑别人。

"这样不是很自私吗？"婕莹和许多传统父母一样，会为了买房和买车省吃俭用，连要不要买一件自己喜欢的衣服和包包，都能考虑好几天。

另一半和孩子其实是有能力照顾好他们自己的，把自己照顾好，我们就不会向另一半讨爱、讨关心和感谢。照顾好自己，我们就会感到舒服和安心，另一半和孩子出去不回来，也不会太放在心上。

先照顾好自己，才能影响家人

在改变他人之前，先调整自己。

"他们没有我就很难生活。"

在这个家庭中，婕莹把自己看得太重要。她的先生和孩子因为她太多的关怀和照顾，所以才无法待在家里，喜欢往外跑，因为在家里，他们没有被需要的机会。他们不仅不需要在家，而且家里还有个无法照顾好自己的女人，她让男人的耳根子不清净，试问哪一个男人会愿意留在这样的家里呢？

"改变我们的习惯，就会改变我们的命运。"

当我们学会照顾自己，学会让自己幸福和快乐，自己过得好，我们还有什么好担心的呢？

"如果是这样，为什么要结婚、生子呢？一个人不是更好吗？"

结婚和拥有孩子是人类的本能和权利。幸福和快乐与婚姻、家庭无关，有婚姻、孩子的人未必幸福，没有的人也未必就不幸福。

"一切操之在己，婕莹，你要过什么样的生活，你才能幸福和快乐呢？"

"生活无虞、无忧、无虑。"

生活所需，大部分人早就无虞了，只是我们都想多要一些，我们只是想要，却不一定真正需要。我们不需要更大的房子、更好的车子，更不需要名表和钻石，这些东西与幸福、快乐无关。

我们很少因为自己的问题忧虑，大部分都是来自父母、另一半和孩子。烦恼再多也无法解决，除非他们自己愿意改变。既然他们不能改变，那我们只需要把心力放在自己身上。

"我怎样才会快乐和幸福呢？"

"不管他们死活，就能轻松了？"

婕莹似乎还是无法理解我所说的，她要学习把自己照顾好，而不是不管家人的死活。

她要了解自己的需求，先照顾好自己，才有能力去照顾和影响她的家人。一个有负面情绪的人，只会给"家"制造痛苦和麻烦。

"我是个问题、是个麻烦？"

进家门前，先准备一份好心情

我已经很小心了，但婕莹还是敏感地以为我在指责她不够好。她已经是个很棒的女儿、太太和妈妈，她不需要把属于别人的选择和人生扛在肩上，只有照顾好自己，才有能量，才会让这个家得到改善。

"要怎么做或开始呢？"

真是谢天谢地，因为和婕莹的谈话一直纠结在责任的归属和对错上，现在她终于问对了一个有意义的问题。

我分享了自己的经验。我每天回家时，都会在家门口准备一份好心情再进门。在家里，一定会有许多和自己期待不一样的事情发生。我时时提醒自己，如果这些事与自己的快乐和幸福无关，那么它们就是微不足道的小事，例如，衣服乱扔、东西未归原位、孩子晚归、先生外宿等。

婕莹果然对外宿很敏感，难道先生在外面陪别的女人过夜也是小事吗？如果婕莹要这个婚姻和完整的家，她就要了解在前往幸福之路时，难免会有小小的摩擦。先生夜不归宿，未必是和别的女人在一起。

男人的自私，来自女人的过多付出

如果先生不看重这段婚姻和家庭，那么我们的努力只会提早让这段婚姻结束。比较有效的方法是让先生离不开家，如果在家里他经常被需要，那么他就有充分的机会展现他的能力和价值。

如果一个男人在家里，多数的事都要他解决和协助，他每天都能得到另一半和孩子的感谢，那他会充满成就感，也就很少有机会和理由沉迷于牌桌和其他女人。

"女人要装软弱？"

婕莹的妈妈给她的教育，就是要当一个强者，靠别人生活的女人，迟早要饿死。她不仅支撑着家里大部分的生活开支，还包办了所有的家务。

她家的男人就只出一张嘴，还嫌东嫌西，加上坏脾气，动不动就骂人、摔东西。为什么要做这么辛苦的女人呢？放轻松吧，不做这些事，男人并不会活不下去，等事到临头，男人再懒也会动手做家务，不过最好的方式是"请"他们帮忙，然后给他们许多感谢。

男人许多时候是很被动的，如果有人需要他，他不会拒绝。男人是可以出力的，尽量给他们服务和付出的机会，让他们感觉到被家人需要和感谢，这不是很好吗？

"男人的自私，来自女人过多的付出。"

我希望婕莹能了解，对自己好不是自私，而是让自己和别人好过的关键。

婕莹似乎明白了我的用意，但我强调要她给自己三个月到半年的时间，每天练习好好"爱"自己和照顾"好"自己。

几个月后，在一个偶然的机会，我又遇到婕莹。我开玩笑地称她"苦海女神龙"，她开心地告诉我："我是一个可以决定自己命运的女人。"

因为上次的谈话，让她有很深的觉悟，她去上了许多课，工作上有很好的进展，家庭也变得和乐了。

"先生还好吧？"

"先生？哦，他要为自己负责，我已经很久不管他了。"

"儿子呢？"

"还好啦！成年男人要为自己负责，我只负责自己的幸福和快乐。"

如今这个女人终于有了美好的人生，一切改变的源头都在于她的重新选择。

"你要什么，你就要为自己负责。"

婕莹很自信地送给我这么一句话。

人生的重建课

关于蜕变

命运是谁决定的?

无疑是我们的"选择"决定的。

相信任何环境都可以创造生命的奇迹和累积生命的资产,

指责和批评,是对自己生命的不尽责。

你现在的选择,决定了明天的命运。

给自己一次成功和扭转命运的机会,

选择自己真正想要的人生。

关于工作：

将职场里的每一天，都当作投资

　　毓婷终于考取了一所偏远学校的教师，她十分犹豫，去还是不去呢？去了，很可能就要留在偏远的地区，不知何年何月才能回到家乡；不去，以后就更难有机会了。

　　"不要去问别人的意见，你要问自己想要过什么样的生活，问自己什么样的工作会让自己乐在其中。"我这样告诉她。

为自己的目标，拼命冲刺

毓婷是我的读者。她大学刚毕业，就有一个很明确的目标——要成为一名公务员。但她没有信心能考上，她十分彷徨，希望我能帮她渡过难关。

"考试对任何人来讲，都充满着煎熬。没有人可以确定，自己的付出一定可以得到相应的回报。"

我在这几十年中经历了无数次考试，许多人看我大学毕业以后几乎"试试如意"，但我和每一个考生一样，在考前都充满着不确定感，只不过我很清楚，专注和信心是胜利的关键。考前我毫无疑惑，觉得自己一定会考上，甚至预想自己的名次，考完发榜后，我的名次果然和我所预想的差距不大。

"决心、毅力、勇气，全力以赴，坚持到底。"

毓婷得到我的激励，全心全意准备考试，她很幸运地通过了行政人员的普考。当时她又叫又跳，很兴奋地打电话告诉我上榜的消息时的情形，我仍然记忆犹新。她即将有一份稳定的工作，她觉得未来充满着期待和希望。

但不到一年，毓婷写了一封信给我，在信中告诉我，她对公务员的工作失望极了，她要离职。

她在信里说，有人不满她的工作，跑到单位咆哮，用很难听的话羞辱她，说她是社会的米虫。

她自觉没有错，但因有外力介入，主管把她叫到面前臭骂了一顿，要她道歉。

她含泪致歉，那个人还不肯罢休，要她以后眼睛睁亮点。

我约了毓婷见面，她迫不及待地告诉我自己的委屈。

公务员的挑战

"我不懂，当一个公务员就要这么卑微吗？"

毓婷认为自己依法行政，给这人的讲解也很有礼貌，她做错了什么吗？主管告诉她，当公务员就要识时务。

第二次遇到这位民众，毓婷很谨慎地处理，但还是出了错。这人有上次的经验，依旧当众教训她，并扬言绝对会让她做不下去。

毓婷把事情往上呈报，这人被市长请到办公室喝茶。

结果，她的主管也被训了一顿，直接命令她这件事应该怎么善后。毓婷犹豫不决，她没想到当她惶恐无助时，竟然没有人援助她。同事都装作不知道，因为怕惹火烧身，她不知道自己该如何选择和自处。她从没有想过，公务员这份薪水会领得如此卑微和屈辱。

主管明确地告诉她，当公务员就是这样，不要死守法令，要知道变通。

毓婷决定辞职。

"你做错了什么吗？为什么要辞职呢？"

回想毓婷为取得公务员资格做的努力，为了这些人辞职，太不值得。

我相信毓婷的岗位一定非常具有挑战性，通常在有些部门补职缺时，都会把最具挑战和风险的职缺留给新人。在有些部门能秉公处理事情，不枉法，不徇私，绝对没有人能奈何你，工作虽然辛苦，但一定能熬过去。只是毓婷是个既不配合又不听话的下属，主管一定会想办法把毓婷换掉。

"我已经声称要辞职了。"

辞职信还没有送出去，主管也未盖章前，其实都不算数。不用担心有人会嘲笑你"说话不算话"，明天大大方方继续去打卡上班，继续坐在自己的位置上，最多今年的奖金拿不到而已，没有人能奈何得了毓婷。

"我不干了，这种没尊严、没原则的工作，我不做了！"

不一定每一个人都适合做公务员。毓婷如果觉得自己不适合，趁年轻，及早换跑道也是不错的。

职场新人，应该如何表现

"你有什么样的职业规划呢？"

毓婷之前修过教育学课程，她有教师资格证，她想到学校当老师。毓婷之前花了几年时间参加教师甄选，都未如愿，后来才会参加公职人员考试。如果她走回头路，却又不如愿，怎么办？

我比较倾向让她继续做现在的工作，设法去适应这份工作，如果有机会，就参加教师甄选，这样会比较妥当。

"我觉得办公室的同事都很冷漠和自私，上班这几个月，都没有人主动关心我、协助我。这样的工作环境，我不喜欢。"

毓婷初入社会工作，总是以自己为中心。她没有想过一个职场新人应该很谦虚地求教，并建立自己的人脉资源。

一个自以为是的傲慢新人，会有谁想理她呢？在任何职场都一样，每一个岗位都有自己分内的工作，每一个人经办的业务不同，工作繁简也不同，但责任是一样的。有可能都已经自顾不暇了，谁还有精力去了解和协助别人的工作呢？除非是一个让人喜欢和肯定的新人。

如果我们很自私地想着把自己的事情做好就够了，不愿主动关心和协助别人，当我们有需要时，也不会有人关心和协助我们。

"任何工作都一样，大家都要'互相'。"

"互相"是说：你今天为别人付出什么，别人就会为你付出什么。你用什么态度对待别人，别人就会用什么态度对待你。

上班的每一天，都应该当作投资，用珍惜和感恩的心去关心别人。在人际资产上，我们拥有得越多，工作就会越愉快。

"我现在该怎么办？"

毓婷顶撞了主管，并扬言要辞职，她明天应该如何去面对这些不愉快呢？

"今天如果能联络上你的主管，就私下去拜访他，向他致歉，并请求他协助你渡过难关。"

每个做主管的人，都有他的立场和难处，但主管通常不会拒绝下属的虚心求助，毕竟他也是从新人一路经过磨炼才当上主管的，他有足够的知识和经验能帮助毓婷。

"可是我不欣赏他，我实在不想和他多说话。"

换个角度看待自己的困境

在职场上，能让下属欣赏的领导，诚属稀有和难得。大部分的主管都是和下属若即若离，经常都孤立在小办公室里。

我告诉毓婷，这是一个接近主管、向主管学习的好机会，有什么理由要错失呢？

"真的要这样吗？如果要委屈我自己，我会觉得很受伤。"

毓婷是个成年人，可以去衡量自己的得失，为自己做出最好的决定。我能协助她的，就是了解她真正的需要，避免受到经验和情绪的困扰。

"一份工作和薪水是你需要的吗？"

毓婷未婚，仍和父母同住，无须分担家中生计，她平常吃、用都是父母埋单，赚的钱都是她自己的，即使没有工作，也不会造成太大危机，她不觉得一定要为了一份薪水委屈自己。

"那你当初为什么能有那么大的决心和毅力考公职呢？"

毓婷不想再让父母养她，也不想再伸手向父母要钱，她想要自力更生，想要经济自主，但如果辞去工作，结果会是什么呢？

"被爸妈和亲友骂死。"

的确，有多少人经过多年的努力，仍挤不进这道窄门。毓婷好不容易挤进来了，却因一时受挫而放弃，的确很难让人谅解。

"那现在应该怎么做呢？"

要忍耐眼前的委屈，还是留下可能是一辈子的遗憾呢？有什么理由，能让一群不喜欢的人来左右我们的未来呢？

"好，我去。"

要毓婷单独去面对她的主管，她的确要下很大的决心。毓婷惶惶不安地拿起手机拨给她的主管。

最后，当然是毓婷继续在单位工作，而她当年的奖金也拿到了，得了乙等，不过后来她调任新职，开始做一份不需要与民众直接面对面的工作了。工作虽然繁重，但毓婷觉得和前一年的经历相比，这些工作上的辛苦都不算什么。

倾听自己心里的声音

在一个偶然的机会，我到毓婷就职的单位去演讲。她兴奋地介绍之前的主管给我认识。

"卢老师，这是我职场的恩师。我能留任，都靠他的教导和帮忙。"

我看得出来，毓婷工作得十分愉快。演讲活动不是她的任务，她却主动协助和帮忙。她之前的主管也很赏识她，夸赞毓婷很有正义感，做了别人不敢做的事，也替同事出了一口怨气。

演讲前有一点时间，我和毓婷聊了一下她的近况，她仍觉得她不适合做公务员，所以她在工作之余，依旧在积极准备教师考试。她已经历了狂风暴雨的试炼，所以她对未来不会再惶恐。

"考前尽最大的努力，把结果交给上天，相信上天会做最好的安排。"

几经波折，毓婷终于考取了一所偏远学校的教师，她十分犹豫，去还是不去呢？去了，很可能就要留在偏远的地区，不知何年何月才能回到家乡；不去，以后就更难有机会了。

"不要去问别人的意见，你要问自己想要过什么样的生活，什么样的工作会让自己乐在其中。"

毓婷最后决定去报到。她去了，才知道偏远的学校为什么留不住老师，因为全校只有六个班，教职员工也只有九位，她必须身兼老师和组长的工作。因为交通不便，她只能住在学校宿舍，白天倒不觉得可怕，但晚上天一黑，四处静悄悄的，有好几次，全校只有毓婷一个人，刚开始她连门都不敢开。山区常有蛇出没，偶尔还会有人翻墙进校园破坏公物。

"我的选择错了吗？"

我收到了毓婷发来的E-mail，知道她一个人留在学校，她是城市的孩子，从来不曾过过乡间的生活，什么都不方便。她很懊悔自己当初的选择。

"我的选择错了吗？"

我是山里长大的孩子，山野对我而言充满了无比的吸引力，但毓婷像我的孩子一样，都是在城市里长大的。在山里，有永远赶不完的蚊子，买份报纸要开车十分钟，肚子饿了只能吃泡面，所以我能理解毓婷，但人生从不会白白让我们走过，我相信毓婷的选择没有错。

她未来一定会怀念一个人孤零零守着一所学校的日子，就如同她之前的所有经历，虽然在眼前看来是种磨难，但在未来却是礼物和恩典。

"珍惜现在，它不会永远让你拥有。"

人生的重建课

关于工作

无论你选择什么，人生都因你的选择累积不同的资产。

有什么理由对不可改变的过去懊恼呢？

做一个全新的决定，

让自己的未来充满喜乐和机会。

如果你不做这样的选择，

你就真的选错了！

关于教养：

父母要跟着孩子一起长大

一个男孩通常在九岁之后，就会想摆脱父母的照顾和保护，但传统父母却不想让孩子长大，等到孩子读完大学，却又希望他们立刻长大，能够独立。

把孩子的责任和问题还给孩子

群慧的孩子到国外读书，但最后没拿到学位，孩子在当地打工一段时间后，却把自己关在房里几个月。

接受寄宿的家庭觉得这个孩子不对劲儿，通知了群慧。群慧要孩子回台湾，但孩子还没回来，群慧就很紧张地向我求助。她的孩子已经二十七岁了，她不知道孩子回来该怎么应对才不会让他沦为"尼特族"（不工作、不学习的双失族）。这的确是个普遍问题，是许多家庭的共同危机。

"你担心的是什么呢？"

群慧不希望孩子回到家后，整天窝在房间里上网，不工作也不学习，成为啃老族或米虫。

"一个人为什么愿意工作和学习呢？"

和群慧的孩子一样，成年之后短暂工作过，大部分时间窝在家里，个性、特征和青春期的孩子没两样，不要别人管，也不要别人教，动不动就发脾气，这样延缓成熟和幼龄化的成年人，在中国台湾就有几十万，在欧美、日本，甚至都是以百万计。

大学毕业后的职场新人，从基层开始做起，月薪低，工作辛苦。在家里养尊处优的孩子，怎么可能愿意为了一点钱而屈就呢？孩子从小就被父母安排惯了，成年之后，自然也没有习惯主动积极地为自己的未来打算，反正一切都有父母可以依靠，何必费心呢？遇到不顺遂的事，只要丢给父母就行了。

群慧的孩子大学毕业后，没打算找工作，只说要出国念书，但也没有明确的目标。申请不到学校，就读语言学校，后来混了两年才申请到一所社区大学的研究所，但也没认真读，所以没拿到学位。之后经由同学介绍短期打工，但其实有将近一年的时间无所事事，爸妈也不知道，仍然寄学费和生活费。

群慧给孩子写信，孩子刚开始还会回信，后来就杳无音信，打电话也不接。孩子离家几年，觉得孩子越来越陌生，这次她忍无可忍要孩子回来，但当孩子一答应要回来，她又十分焦虑，不知道该如何应对和安排孩子的未来。

"到该放手的时候了，孩子已经二十七岁，也该独立生活和为自己打算了。"

不管他，难道任他自生自灭？这真是个难题。当然，能和孩子深入交谈，了解孩子对未来的期待和计划最好。

群慧的孩子想出国念书，而且有具体的行动，虽没拿到学位，但有在国外几年的生活经验，其实对他的未来也是有帮助的，他应该和完全没有自己的想法、任由父母安排的孩子不同。

我建议群慧给孩子一点准备时间，以及多一点的空间做选择。

许多发达国家或地区的成年人，都普遍延缓离家和进入职场的时间。不过群慧的孩子都二十七岁了，群慧会着急也是理所当然，但若再过多干涉孩子，孩子就会更加延缓成熟，若孩子再过五年或十年仍是这个样子，那才真是令人担心呢。

放手就是把孩子的责任和问题还给孩子，让他清楚自己是个成年人，必须为自己的生活和所需的一切努力付出。

让孩子清楚地了解父母的期待

"第一步是什么呢？"

当孩子从国外回来，爸妈可以先放轻松，就用一颗欢喜的心欢迎孩子回家，让孩子感受到来自父母的关心和爱，不要觉得孩子像瘟神一样，是回来消耗或"偷窃"父母资产的人。

在愉悦的家庭聚会中，让孩子清楚地了解父母的期待，他一定要有一份工作，要有收入，可以供他自己生活所需。

父母就是再有钱、再有能力，也是父母的，他必须靠自己的努力赚取生活费用，这是社会的法则。有付出，才会有收获；有贡献的人，才会有奖赏。

"孩子若一直没有找到合适的工作或不愿意认真找工作，整天窝在家里怎么办？"

我建议群慧，要给孩子明确的时间。在三个月内，父母仍然提供必要的生活支出；三个月以后，供给减半；六个月之后，父母不再提供生活费用；而一年之后，孩子必须搬出去独立生活。

在自然界，面对已成年可独立的子女，父母的手段都是无情的，为了生存，老鹰会把雏鹰赶下悬崖，雏鹰难免有摔死的，但大部分的鹰都会从此离巢独立生活。

在我们那个时代，家里子女众多，没有人敢赖在家里，寒暑假就主动打工赚钱，毕业后，就自然会为自己的未来找出路，父母没有供养我们的能力。

没有经历窘迫，就难以尝到幸福

现在的父母能力都很强，这是"少子化"的结果，父母一生的努力和积蓄，足够孩子一生不用工作，也都能生活优渥，孩子还有什么动力去辛苦地赚钱呢？孩子辛苦一个月的所得，买两件衣服、吃一顿大餐就花光了，如果还要还房贷和养车，日子要怎么过呢？

"没有压力就没有成长，孩子没有经历各种窘迫、难过的日子，他一生都难以尝到幸福的滋味。"

许多了不起的教育家或思想家，提倡教育不是为了职业做准备，教育是为了提升生命做准备。我想，这些言论没有人会加以反驳或反对，但一个人无论如何都应该有份工作。以服务的观点来看，我们接受无数人的分工和努力得以满足生活所需，应该也有一份工作来负起回报社会的责任，服务他人，但我们的工作观几乎都是为钱而工作，而不是为了社会的责任，乐于付出和工作。

一个男孩通常在九岁之后，就会想摆脱父母的照顾和保护，但传统父母却不想让孩子长大，等到孩子读完大学，却又希望他们立刻长大，能够独立。孩子幼龄化和延缓成熟其实是一段历程，不过现在和群慧谈这些已经太晚，但现在做些努力，总比再过五年或十年来得容易。

我遇到过无数类似的求助案例，都是孩子已经三十好几了，却还赖在家里，超过十年没有工作，无所事事，他们的父母经常为了孩子应该工作而与孩子争吵，甚至反目成仇，最后亲子相残或手足反目。

"这些我都懂，但如何让孩子有动力去找工作呢？"

让孩子了解父母的资助有"限额"和"期限"

孩子的生活没有任何困难，只要伸手，父母就无限量地提供金钱供其花费，那谁还愿意去工作呢？我们在职场上辛苦、奋斗是为了什么？不就是一份责任吗？

不工作，就没有收入，也就无法维持家庭的开销，这是多么现实的问题，但孩子没有这样的经济压力，他就不会有动力。应该让孩子了解父母的资助是有"限额"和"期限"的，并用"温和但坚持"的态度，让孩子勇于飞出父母的巢穴，独立去面对和解决自己生活的问题。

"现在就是最好的时机！如果错过了，就必须承受更大的困难。"

从做临时工或小时工开始，让孩子享受因努力的付出而得到相应报酬的喜悦，激发孩子向上的潜能。

工作一小时才能买到一份便当，再工作一小时，才能赚到回家的车钱，谁还敢再轻率地消耗辛苦所得，浪费在短暂的"需求"和"享乐"上呢？

群慧的手机是一款老旧的仅有通话功能的手机，为什么不跟上潮流，和孩子一样用又"酷"又"炫"的手机呢？我们内心对价值的天平是怎样形成的呢？

"我们都曾生活拮据和辛苦过。"群慧回应着我。

为什么我们要剥夺孩子去经历生活和生命的磨炼的权利呢？孩子已经长大，他会为自己找到最好的出路，这是人性。

放手吧，在这个多元的世界，要饿死一个人还真不容易，除非他赌气要恶惩父母。在孩子成长的每一个阶段，家长都要用心学习，了解他成长的需求，并给予最适当的协助。

每个人每一天都在学习

"没有人一开始就会当父母，每个人都在学习。你现在就是在学习如何做一个成年人的父母。"

成年人的父母要学会把自己照顾好，让自己能够安心，不打扰和干预孩子处理自己生命的问题。成年人的父母，要能了解自己现在和未来的需求，而作为一个能独立生活的父母，是不会依赖和讨好孩子的。

成年人除了要学习面对自己，更要接受工作和生活的种种考验。父母可以协助孩子，但一定要让孩子养成独立生活和工作的习惯。

"孩子已经长大，父母也要跟着长大。"

当孩子成年，父母就要退位，准备好好过自己的生活。要有健康的身体、足够的资源，让自己生活无虞，同时也要有自己的生活目标和重心，有一群朋友和一颗准备好经历生离死别的心。

生命已经历过高峰，正准备缓缓下坡，这是人生的必经过程，没有人可以避免。从父母身上，我们看见了未来的自己；从孩子身上，我们看见过去的自己。没有什么遗憾，每个人都要为自己的生命负责。

"在子女成年之后，我们就该卸下教养的责任，把它还给孩子。"

"唉！"

群慧这一声长叹，表达了无数父母的难处。

说得容易，真正要面对，却不知从何着手，这时候就体现了学习的重要性。多数父母很少注意到，父母要随着孩子的成长变换自己的角色和行为，通常都是孩子出现了状况，父母才警觉然后无所适从。

我们看着孩子一点点长大，发现生命的奇妙，当孩子变成了父母，父母要从孩子身上再一次检视和反思。对或错没有标准答案，生命就是经历再经历。

"你选择什么，你就会得到什么！"

选择之前，群慧必须先了解自己的期待。对待一个二十七岁、已成年的孩子，她期待孩子能够独立自主，为自己的生命和生活负责，当然，最好的情况是仍和父母保持着良好的互动关系。

"要怎样做，才可以得到这样的结果呢？"

群慧并不知道该怎么做，但从另一个角度来看，就会发现我们要的答案。

继续给孩子周全的保护和照顾，继续为孩子操心和担心，继续试图指导孩子或为孩子铺一条路？如果我们这样做，就得不到我们想要的结果，所以答案不是已经很明确了吗？

父母要勇敢地面对自己的成长

"卢老师，你可以跟我的孩子谈一谈吗？"

当然可以，但有必要吗？

从"复原力"理论的观点来看，孩子是不需要协助的，他有能力面对和解决自己的问题，他会为自己做出最好的选择和决定。

我可以帮上什么忙呢？引导孩子认清自己现在的处境？他已经成年，要为自己的生命尽力和负责，但我是他父母找来的，而不是他认为自己需要的。我乐意和她的孩子谈，但不是现在，而是当他自己提出这样的要求时，我才有必要出现。

"当爸妈的要有信心，相信自己可以面对和处理眼前的问题，更重要的是，这是爸妈的功课，有什么理由要假手他人呢？"

我们要孩子勇于面对自己生命的课题，父母却不愿勇敢地面对自己的成长课题，孩子会怎么看待呢？"教养"的意思就是父母用生命复制另一个生命，所以我们要复制畏怯和懒惰给孩子吗？如果是这样，孩子也会畏怯和懒惰。

"真正的专家不是帮别人解决或处理问题，而是协助当事人正视和解决问题。"

　　我很乐意随时提供咨询，因为分享自己和别人的故事，是我的乐趣所在。但我很清楚自己在群慧和她的孩子之间，只是个无关的路人。

　　"相信自己，只要踏出这一步。你会处理得很棒、很好的。"

人 生 的 重 建 课

关于教养

孩子有什么问题吗？

什么都没有。

孩子的学习和成长需要不同的历程，

只是我们问错了问题，

如"孩子怎么会这样糟？"

或"孩子怎么会这么不懂事？"

以及"孩子怎么又犯错了？"

你选择问不好的问题，

孩子就给你不好的答案。

请选择好的问题，如"发生这件事，我们和孩子可以学到什么呢？"

或"这件事的发生，一定有原因，我们如何让它成为孩子生命中的重要资产？"

你选择的问题，决定你将得到的答案和结果。

你要什么样的答案和结果呢？

就看你的选择啰！

关于成功：
真正的成功，要经过重重难关与考验

我们满意自己的这一生吗？我们无悔于这一生的经历吗？

如果是，那么我们就是一个成功的人。

深受父亲影响的孩子

　　岚雄是我辅导的个案中少数几个会读书的孩子之一，他的成长过程可谓大起大落。

　　读小学时，他是全校的模范生，初中时成绩也是在班里名列前茅，可是他一直无法进入全校前十名。有段时间，他突然松懈，故意让自己掉到全班最后一名，还学会了抽烟、打架。没有人知道一个家庭健全、从小被捧在手掌心的孩子，为什么会自我毁灭。

　　"一个人活着，不能称王称霸、独领风骚，努力还有什么意义？"

　　这是我在做个案调查时，岚雄给我的答案。

　　每个人都有不平凡的期待，但有史以来，谁才是真正的英雄豪杰呢？

　　"西楚霸王项羽是我的偶像。"

　　轰轰烈烈地大干一场，做不成皇帝，也不要屈就做人臣。

在我的心目中，岚雄是一个可以做大事的孩子，但如果不好好地辅导他，他的一生有可能被自己毁掉。

"这是很独特的想法，是谁影响你的呢？"

岚雄受祖父和爸爸的影响甚大，他的名字也暗示他要做一个高高在上、独傲一方的人。他的祖父受的是日式教育，从小就崇拜武士道，是台湾数一数二的剑道高手，但他的爸爸却屡次经商失败，几乎败光所有家产。

我和岚雄的爸爸有过几次对话，他很有自己独特的见解，也很懂得时代潮流和趋势，可是为什么没有成功？

我的分析是他过于眼高手低，经商方向虽然对了，可更要懂得循序渐进地累积成功的经验，再趁势做大和发展。但岚雄的爸爸一次就要称霸，有时资金不足，有时用人不当，最终都一败涂地。所以，他很不服气地告诉我，如果还有机会，他仍然会再搏一搏。爸爸的想法深深影响着岚雄，他要做就做第一，不然就不要做。

"你在学校得不了第一，所以，你就不学习了？"

岚雄看了我一眼，用认同的眼神回应我。

"你要做真正的第一，还是表面的第一？你要做长久的第一，还是只想一时称雄？"

岚雄是个绝顶聪明的孩子，帮他不需要多费唇舌。你只要有办法说服他，他就会重新站起来。

"一个人成功，除了有明确目标，更重要的是，要懂得

'经营'。"

在这样一个短视近利的世界，我希望岚雄能懂得做长远和有深度的投资。谁在某个专业的领域投资最多，谁就是未来真正的赢家。要做，就做真正的英雄，称帝为王，何必做一个悲剧般的英雄呢？

后来，岚雄重新回到学校，由于他的聪明，再加上早先的积累，他不负众望地考上了第一志愿的高中。读高中时，他意气风发，又爱表现，虽然成绩不是很出色，但在社团和其他方面的表现却很亮眼，这也让他考上了第一志愿的大学，后来有几年，我都没有他的消息。我相信以他的聪明，只要肯付出和努力，要在某个专业领域出人头地是很有机会的。我也很好奇岚雄这样一个独特的孩子，未来的表现会怎么样呢？

封闭自己，事情永远无法解决

几年之后，有一天，岚雄的妈妈打电话向我求助。

她告知我岚雄把自己关在房间里好几个月了，拒绝与任何人接触和沟通。他的妈妈有些担心，于是来找我帮忙。

从岚雄妈妈口中，我得知岚雄在大学过得很风光，不但是学校辩论队的队长，还参加各种学生的国际交流。他大学毕业，服完兵役，取得了美国一流大学的研究所入学许可。但爸妈不知道他在美国是怎么过的，有一天突然打电话说要回来，一回来，就把自己关起来几个月，还经常听到他捶墙和怒吼。岚雄的爸妈想关心他，他却都毫不理睬。

"只有卢老师能救他了。"

距离我上次见到岚雄，大概有十年了，我不敢承诺能帮上什么忙。我向他的妈妈要了岚雄的一些资料，想上网查些蛛丝马迹。我不想在毫无准备的情况下贸然拜访岚雄，因为没有做好准备，贸然见面，可能会把未来协助岚雄的路都给断了。

后来我通过网络，找到了岚雄在大学的一些活动资料，他曾经在岛内大学辩论总冠军赛中败北。他当时是队长，应该负起成败责任，所以他扬言要在活动中心的大楼楼顶做个英雄式的了断，但结局出人意料，他的宣告被贴在公告栏和网站上，当时岚雄发表的短文内容是："卖命为校争光不成，要做悲剧英雄也没人看！"他的帖文没有几篇回应，但其中一篇却很有意思，内容是："学校奖杯太多了，不差你这个！得了冠军又怎样，爽过就好！"

在网络上，我也找到岚雄之前用过的邮箱，试着给他发了一封E-mail，希望在跟他见面之前，能有一些对话，也多了解一点他的近况。

我的邮件没有任何多余的文字，我只写下了西楚霸王的

《垓下歌》：

力拔山兮气盖世，

时不利兮骓不逝。

骓不逝兮可奈何！

虞兮虞兮奈若何！

我心中的霸王今何在？

邮件发过去好几天都没有回应，我推测他大概没收到这封邮件。正当我准备放弃时，却意外收到了岚雄的回信。如我所料，他满怀壮志地想取得学位，却在学位考试时受到挫败。

他在回信中告诉我，天要亡他，他那么努力却得不到应有的回报，他一生的努力和期望都毁了。

生命中最大的成就——在挫败中继续奋斗

岚雄到美国一流的大学就读，他一心一意要在限期内拿到博士学位。但在攻读学位考试的过程中，他遇到了无法预料和理解的挫败，他失去了继续拿学位的资格。他觉得十分茫然，不知道该如何面对父母和这个世界。

"如果西楚霸王得天下，今何在呢？"

"得到博士学位，人生就算成功了吗？没有得到学位的人，一辈子就注定黑暗吗？"

生命中最大的成就是在挫败中仍继续奋斗，反败为胜。以岚雄的才智，他只要肯努力，就一定会有所收获，但我比较关心的是，岚雄要把自己带往哪里呢？

"人生如果还有机会和选择，你要什么呢？"

我讲到自己的经验。我大学联考共经历了六年四次的失败，那时我常一个人跑到读书的山上，望着山下来来往往的人。我感到悲愤，因为我一再挫败，当时天空突然炸响了一个晴天大雷，我以为大地会瞬间风云变色，结果什么也没有，这个世界依然平静。隔年我考上了大学，再度登山，原以为这个世界该为我庆祝，但依然什么也没有，我好失望。

岚雄没有通过博士学位的考试，这件对他来说非常重要的事该引起大家的注意，但有吗？

"老师，别说笑了，我没有那么重要，即使拿到学位也不算什么大事。"

"什么是大事呢？什么事值得你放弃所有努力把自己封闭起来呢？"

岚雄在自我封闭的时候，其实也想了许多。他想如果拿到学位，能幸运地找到一份教职工作，那又怎样呢？大学教授有几个是有影响力和知名度的呢？如果拿到学位，他还是个小人物，要在这个世界有一席之地是很不容易的，如果成不了一方霸主，那人生还有什么值得努力的价值呢？他想过要像西楚霸王一样刎颈自杀，只是项羽死了，留下了千古英雄的追思，他死了，会留下什么呢？他很困惑，他找不到努力的方向和动力。

"定义"属于你的成功

"不要在亮的地方点灯，要在暗处做一根永续发光的蜡烛，光虽然弱，但可以给在黑暗角落的人一丝希望和一辈子的温暖。"

这是我父亲的临终遗言，我将终生谨记和奉行。

在公职体系十余年，我没有升过职，在同一个位子坐了二十几年，我也像岚雄一样，曾有飞黄腾达、做一个英雄的梦想，但后来我放弃了。我甘心做一个平凡的小人物，做生命中最简单和最容易的基层工作。

"为什么？做名人和大人物才可以做大事！"

这是迷思。我喜欢历史，而有多少帝王和名将名臣一生努力征战和苦心经营，为了得利或得名，但最后呢？从长远和宏观的角度来看，他们又有什么贡献呢？最伟大和最辉煌的帝王只留下古迹和历史的文字记载，那又怎样呢？当今台面上这些风云人物，又过着什么样的生活？他们其实和我们一样平凡，并没有太大的差异。如果已经成功和没有成功的人差异不是那么大，又何必在乎眼前的成败呢？一个人该追求的，是做一个真正成功的人。

"什么是真正成功的人呢？"

一个能为自己负责，不畏惧困难和失败，坚持自己的理想，永不放弃的人。真正的成功不是要做给别人看，也不是为了得到别人的赏识，而是为了给自己的生命留下丰富而精彩的故事。

"'真正的成功'是做自己想要做的事，坚持到底，直到完成。"

生命是个历程，对我们真正有意义和价值的是我们对自己的观感。我们满意自己的这一生吗？我们无悔于这一生的经历吗？如果是，那么我们就是一个成功的人。

奋力走出自己的"监狱"

"岚雄，你满意自己现在的一切吗？明年或三年、五年后，你再回顾此时此刻，会无怨无悔吗？"

岚雄毫不犹豫地摇了摇头，但他一脸茫然。他不满意自己，可也不知道自己该怎么做才能满意。

我回顾他从迷失的青少年到找回自己的历程，当他考上第一志愿的高中，他满意自己吗？当他很努力地考上第一志愿的大学，从那里毕业并取得美国名校的入学许可，他满意自己吗？当他一个人在美国勤奋读书，克服种种困难，他满意自己吗？

他一再检讨自己的失败，但实际上，他唯一的失败，只是没有如预期通过学位考试而已。我建议他倒不如把这次失败当成再一次挑战的跳板，向自己的目标发起挑战。

如果拿到博士学位在岚雄的生命里算是一件重要的事，那么他就应该再给自己一次机会。以他的努力和之前的积累，要考取台湾或其他地区任何一所学校的博士班都绝非难事，为什么要因为这么一件不如期待的意外，就放弃生命里所有的机会和选择呢？

"我知道该怎么做了。"

几个月后，我收到岚雄的信。他告诉我，他考上了博士班，也顺利找到了研究助理的工作。

"不求飞黄腾达、做盖世英雄，但求平实和有希望的人生。"

我很高兴岚雄的转变。他在信里告诉我，他在自我封闭的那段时间，其实一直给自己找许多理由和借口，其实他是害怕自己会再次失败。

他坦承自己害怕吃苦和付出，如今他走出了自己的"监狱"，很感谢我的帮助。但实际上，他该感谢自己，感谢自己做出了一个新的选择，让自己再度见到生命的阳光。

我祝福岚雄，愿他珍惜生命里的所有恩典和礼物。没有人是失败者，除非我们放弃做任何选择。

人生的重建课

关于成功

把自己封闭起来，

谁会好过呢？

我们没有足够的勇气面对人生的考验，

就惩罚自己，

让周遭的人跟着我们痛苦。

不负责任的生命，

还可能选择毁灭自己，

惩罚未如我们意的人。

我们有太多的选择，

我不懂，

为什么总有人选择折磨自己，

也让别人难过呢？

聪明的你，

会选择什么呢？

关于行动力：
为什么我们"知道"，却"做不到"？

　　人是充满惰性的，没有到生死关头，就不会用尽全力。但有智慧的人，并不是把自己逼到谷底才努力，而是预见自己不努力的未来，将是沮丧、绝望、被众人唾弃的。若等到丧失所有资源才觉悟，那时通常年岁已长，时机也已错过了。

无论是风光还是失败，都是累积生命的资产

凯雄是一家保险公司的理财业务人员。有一次，他听完我的演讲十分感动，在会后来找我，希望我能协助他找到努力的方向和动力。

他是台湾一流大学的毕业生，几经换职，最后做了保险业务员。他的同学不是在读博士就是在大公司担任重要职位。他不知道自己的未来在哪里，也没有什么动力，觉得做这份工作是不得已的选择。

"当保险业务人员有什么不好呢？"

自己决定工作时间和工作形态，要有多少收入，也由自己决定，这有什么不好呢？凯雄以为我不了解他的状况，特别强调他的同学如果知道他在卖保险，一定会笑他，而且他还只是基层的业务人员，他的同学在金融界都已经是经理了，所以他是个失败者。

"你难道不知道做这份工作，比其他人拥有更多的优

势吗？"

凯雄因为之前的工作不顺遂，走投无路才屈身做保险业务员。他都不敢和同学聚会、联络，也不敢让亲友知道他的工作。他拥有的优势和人脉，一点都用不上。

"凯雄，你认为保险是一份什么样的工作呢？"

凯雄支支吾吾地说了一些，但都是职场上惯用的术语，像是什么理财专家、财务规划、风险管理等。

他做不好这份工作是有原因的，因为他连自己都无法说服，自己都不认同自己的工作价值，那么他又该如何说服他的顾客呢？

"你有两个选择：一个是留下来重新学习，热爱你的工作，并且下定决心成为这个行业的顶尖高手；另一个是重新选择你喜欢和认同的工作，不是每个人都适合做保险业务员。"

凯雄不知该如何回答我，他就是因为没有其他选择，为了有一份收入，迫于无奈，才会做这份工作的。他的生命曾经如此辉煌和亮丽，但因一连串的不顺，中年失业，一无所有，为了家庭和孩子，他才做了自己都不认同的工作。

"如果你每个月有一百万元的收入，你会如何看待这份工作？你的亲朋好友又会如何看你呢？"

凯雄苦笑着看向我。现在的他连两万元月薪都达不到，更别说月收入一百万元了，他过去不曾有过，未来更不可能。

"但如果真的有可能呢？"

凯雄哈哈大笑，他说会一扫过去的阴霾，重新抬头挺胸地走出去。

职业、职位和头衔都代表不了什么，一个人无论是风光还是失败，其实都是在累积生命的资产。懂得善用资产的人，就可以反败为胜。

不只是"要"，关键是"一定要"。

凯雄目前最大的敌人是他自己。

他原本要和我交换名片，但他拿在手上的名片，却怯怯地不敢递过来。

"给我你的名片。"

他名片上的头衔是理财顾问，我却把"理财"两个字用笔涂掉了。

"凯雄，你现在是这家公司的顾问，你的目标是月收入百万，你要专注于如何做到，而不是恐惧和害怕失败。"

顾问是个可大可小的职位，我希望凯雄拿着这样的名片，勇敢地去拜访最有潜力的顾客，例如他高中和大学的同学，他们不是企业的负责人就是高阶主管，凯雄也担任过高阶主管和老板，所以他的朋友们会相信这个顾问一定非同小可。

我希望他把目标锁定在金字塔顶端、千万级的客户，要不就向公司申请企业团保的项目，放掉那些小鱼小虾。

"但别急着出发，先花点时间把必要的功课做好。"

"这些我都知道。"

凯雄一副不以为然的模样，他告诉我他更多的创意和想法。

他的眼神闪烁着曾经的自信、光彩，他的确有着过人、独到的想法，但为什么他没有成功呢？为什么他会沦落到今天的局面呢？

我接触过许多像凯雄这样的人，他们骄傲自大，最后往往高不成低不就。他们不肯为自己的目标坚持和努力，所以只"知道"要坚持和努力是没有用的，如果没有决心和行动力，最后又会回到原点。

凯雄已经四十岁了，我迟疑着是否该给他重重的一击，好让他觉醒，因为他已经没有时间再荒废自己了。

他一出生就赢在起跑线上，学业一路顺利，一直以为自己是社会的精英和人才，其实他只是幸运，他的优势——记忆力强、理解力好，正好符合教育制度的期待，但一个人的成就实际上是善用自己的优势，然后在对的位置上，做最大的付出和努力。

"凯雄，你要让自己过多久这种哀怨的生活呢？

"你一直都只是'想要'成功，这次也只是想象而已吗？"

凯雄不仅事业一事无成，连婚姻都是失败的。我很希望能帮上一点忙，但我知道，关键绝不在我，而在凯雄自己。

他有成功的种种优势和条件，但没有执行力和行动力，所以想法就只停留在想而已。有一部分游走在成功边缘的人都自以为是，认为自己的成功不需要努力和坚持，他们缺乏的不是知识，而是毅力和决心。

"我帮不上你的忙，你的成功与否得由你自己决定。"

我讲的这些，凯雄都知道，他毕竟是一流大学财经系的高才生。

套在泳圈里的人，永远也学不会游泳

"凯雄，你认为我可以协助你什么呢？"

凯雄什么都知道，但就是一点动力都没有。

改变是需要决心的，决心来自不改变便无法生存的危机。套在泳圈里的人是永远也学不会游泳的。

凯雄的家境很好，父母有许多房产，不工作光靠爸妈的房租收入，他也可以生活得很好。他几次都因一时冲动就换工作，卖掉父母好几处房子，却都创业未成，赋闲在家。后来迫于家人的压力，只好勉强出来工作。我想如果他未跌入痛苦的谷底，是不会有动力全力以赴地往上爬的。

"如果你继续挥霍父母的产业，直到一无所有，你就会有动力了。

"继续做一个依靠家长的男人吧。"

我专注地看着凯雄，他有点不悦，这是他隐藏许久的痛。

他是家中的长子，受到父母最大的期待，却让父母担心，让他的弟妹看不起。他心里虽然不舒服，但也没有生气，只是长长地叹了一口气。

"我也想有一番作为，也想扬眉吐气啊！"

我继续激着凯雄，因为我发现他仍然没有下定决心，他只是"想"，而不是"一定要"。

"我帮不上你什么忙。"

我整理好公文包，准备离开。

当一只搏命的兔子

"我要成功！"

凯雄似乎有一点决心了，但他是"要"，还是"一定要"呢？

我的父亲生前常对我讲"狐狸追兔子"的故事。一只不是很饿的狐狸，偶然看见一只从眼前经过的兔子，它就起身急追，这只狐狸最后没追到兔子，因为它还没有饿到极致，所以没有用尽全力，但兔子却是用尽全力在逃命。

我的父亲告诉我，做事情，没有搏命的精神、不全力以赴地投入，是不可能成功的。人是充满惰性的，没有到生死关头，就不会用尽全力。但有智慧的人，并不是把自己逼到谷底才努力，而是预见自己不努力的未来，将是沮丧、绝望、被众人唾弃的。若等到丧失所有资源才觉悟，那时通常年岁已长，时机也已错过了。

"凯雄，你是个人才，你还有很美好的未来。"

凯雄的口头禅又来了："这个我知道，但是……"

我告诉凯雄，我不是狐狸，我是搏命的兔子，正在和流逝的生命竞速。如果他只是来找我聊聊的，我们可以结束谈话了。

"再给我一次机会！我真的，真的，很想要有所作为！"

凯雄似乎急了，很难得有人可以激起他的斗志。我其实也担心一个原本可以帮到他的机会，就要消逝了。

"凯雄，你要成功很难，因为你还是一只有点饿的狐狸，所以追不到眼前的兔子。

"既然明知追不到就别白费力气了，继续在树下睡觉吧，等真正饿了，再来找你要的猎物。

"我不要，我不要！"

一个男人会流下眼泪，表示他真的准备全力以赴，开始搏命追求自己想要的一切了。

"很好，定下明确的目标，你这个月要有多少业绩？要如何做到？"

凯雄这次真的有点决心了。

"好！就定一百万元！"

我用一张白纸写下"我的月目标一千万元整"。

凯雄看傻了眼，他表示这不可能，最厉害的业务员也做不到。

"你不可以做不到！因为你是总公司的首席顾问。"

一个人要有搏命的精神。如果是猎捕一头猛狮，我们就会全力以赴，专注地接受挑战，因为如果做不到，我们很可能就会被吃掉。

"决心，凯雄，你唯一缺乏的就是决心！"

全力一搏，一个成功挑战不可能完成的任务的人，他的人生就不会再有难题。凯雄没有任何妥协的余地，他必须立即开始挑战。

"可是……从明年开始好了。"

写下"自己要成功的二十一个理由"

凯雄和大部分未成功的人一样，总是在找不能做到的理由。

"如果你不只是想做，而是一定要做到，告诉我，怎样可以做到呢？"

"一千万元的业绩也没有什么不可能。"凯雄喃喃自语。

之前他就有一张蓝图，目标就是每个月达到千万业绩，但为什么不去做呢？

"因为……因为……"

给失败找理由的人会继续失败。凯雄要做的是，先给成功找理由。

我给凯雄布置了一份作业，要他在今天十二点之前寄给我，这份作业是：他为什么要成功的二十一个理由。

"为什么要成功？因为……"

凯雄连第一个理由都支吾了半天，怎么可能成功呢？一个连自己都无法说服的人，还可以说服谁呢？

"下定决心，专注地找出自己一定要成功的理由！"

凯雄看起来已经和刚才不一样了，他进入了自己的内心世界，他在为自己的成功找理由。但他还是不肯付诸行动，我知道我不会收到他的信,如果收到,也可能是虚构的理由。

"成功者万中取一,其他人只是羡慕别人的成功,你要什么呢?"

我们要什么?谁可以帮我们选择呢?

知道却做不到,谁也帮不了我们。只有决心、毅力、勇气、坚持到底、永不放弃,才能给自己的人生一次成功的机会。

成功过的人生,就不会再后退。尝过成功滋味的人,谁愿意再回到失败的泥淖中呢?

我只能默默祝福凯雄,却帮不了他什么忙。

人生的重建课

关于行动力

"知道"有什么价值呢？

谁都知道百分之一的天赋，

加上百分之九十九的努力，

就能够成为真正的天才，

但只有百分之一的人会行动和执行。

这百分之一的人占据了百分之五十的财富，

这也没有什么不对，

因为他们勇于投资自己。

只要有一丁点机会，

他们就会全力以赴、坚持到底。

你选择成为那百分之一，

还是其余的百分之九十九呢？

关于正向、积极：
一再练习，让正向、积极成为生活态度

　　如果我们一直试图改变另一半，我相信这样的婚姻就会很容易触礁。

　　我们要相信，我们的另一半一直很棒、很好，只是我们还未找到一个良好互动的模式。

不断重复练习的生命技巧

有一次参加教会的活动，牧师告诉我，不要为明天而担忧，上帝的恩典一定够你使用，他已经把你需要的一切都准备好，在你人生的旅途中，会收到许许多多的恩典和礼物。

我不是基督徒，不是很懂这些道理，但我谨记牧师的话，并且时刻提醒自己，要积极地面对所有的困难和挫折。

我相信，"恩典"和"礼物"一定会出现。

我在演讲会场上，也一再分享这些经验，希望每个人都能和我一样幸运，人生充满着"恩典"和"礼物"。

有一次，琇雯老师听完我的演讲，分享她的心得。

"卢老师，你讲得很好，你的分享我都认同，但我知道却做不到。"

大部分人都是如此，以前的我也是。但几年前我改变态度，让自己不断重复练习这些技巧，直到正向、积极的态度成为我生命的一部分。

听到我的说明，琇雯老师长长地叹了一口气。

"这些只能维持三天的热度，只要孩子或学生出现一些意想不到的状况，所有的一切都会破功，又回到老样子。"

远离生活里的负面影响

谁不是这样呢？所以，我并没有强调我所讲的在生活上都做到了，我只是分享自己练习的经验，只要一再练习，我们的人生就会远离负面的影响。

"学习祝福自己，学习让自己好过。"

只要我们懂得祝福自己，让自己好过，我们就不会轻易拿这个世界的不够好和别人不如我们的期待来惩罚自己，我们就会用一颗接受和祝福的心来看待世界。这个世界一直都很好，只是和我们的期待有些不一样。

琇雯在初中教书，她觉得学生很难管，也很难教。

"那么老师好教吗？身为老师的人容易改变吗？"

这是我的自省心得，我觉得自己的改变都要一再学习和练习，孩子才十几岁，怎么可能有我现在这样的自制力呢？只教一次，这些孩子就能领会和改变的话，他们就是圣贤了！

　　我到过两千多所学校演讲，经常遇到的教师研习场景是：一群老师躲在场地的最后一排聊天和做自己的事，直到讲到有趣和感人的地方，这些老师才会赏脸地抬起头来倾听。

　　这些我都可以理解和谅解，因为平常老师研习的都是一些政策的倡导，既枯燥又乏味，所以老师们都习惯躲在后面，避免要假装认真听的压力，而如果实在听不下去，坐在后排要溜走也比较方便，这是人之常情。

　　但只要我一想到自己是一个经验会影响另一群生命的老师时，便会在出席的演讲会上选择坐在前面的位置。我知道如果我是个逃避和畏缩的老师，那么我就教不出积极主动的学生。当然，我也喜欢坐在会场的后面看书和做自己的事，但我是老师，我希望教导我的学生和孩子时，能坦荡地告诉他们，我做到了。

　　"老师不是一般人，老师的人生即将复制和影响另一群人。"

一再练习正向、积极的信念

　　我没有特别的情操和品格要学生做我做不到的事，但我能谅解老师和学生逃避学习的习惯。所以我也会如此，只是我一旦警觉到自己角色的重要，就不得不勉强自己去练习和做到。

因为，如果我期待孩子用什么态度去面对他们的人生，而我自己却经常做不到，那么我就会怯于要求和教导孩子，尤其是当我所教的孩子特别敏感时。

他们看到你的付出，有时并不会特别感动，因为他们认为你是老师，原本就应该做到这些。但如果你有一两样疏忽、未做到，他们却会终生牢记，甚至拿来作为自己"做不到"的挡箭牌，这样，我要教他们岂不是更困难？要是当老师的人没有热忱去学习和自我提升，其实很难带动孩子的热情。

"当老师很难哦！"

是啊，本来就是这样，所以，我从不敢告诉别人我是一个老师。我常对学生说，我是一个学习中的老师，我和他们一样，都还在学习。因为定位是学习中的老师，我就要努力，把学习到和知道的知识用最大的努力去练习。

知识的价值在于实践，做得到的才是宝。

"每一天，每一刻，都有欢喜。即使知道自己就要离开人间，也要给自己祝福，让自己好过。"

我有一些亲友因意外丧生，也有因病去世的，我相信这一天也会降临到我的身上。虽然谁都希望自己能洒脱地面对死亡，但说起来容易，一旦身有病痛和祸乱降临，我们经常忘记之前给自己的承诺。之所以要在平日一再练习自己正向、积极的信念，正是因为要让自己有坚强的意志，以接受生命的种种考验。

"当老师真的很不容易。我期待有一天，能给孩子一个好典范。"

找到与另一半良好互动的模式

琇雯谈到她和先生的婚姻，表面上看起来都还好。

她的先生是学校的行政人员，但回到家，夫妻俩却很少坐下来好好聊天。她的婚姻没有什么大的风波，淡而无味，越来越无趣。

我听完哈哈大笑，因为我在演讲中曾经讲到，我在婚姻初期，不知道要把耳朵借给太太，所以常常让太太不高兴。

男性和女性在人际互动模式和需求上有很大的不同，男性讲话喜欢讲重点，不喜欢闲扯，所以，和另一半沟通时，常会显得没耐心。

女性如果感觉不对劲儿，她就不舒服，也就很难再有互动。

琇雯想知道她要怎么样才能和先生多些互动。

男人的习性是喜欢教别人，不喜欢被管教，所以我建议她多找机会去请教她的先生。

另外，男人还期待被别人需要和赏识，所以多注意先生的付出，并经常给予肯定和赏识。

最后，还要学会识别男人的"面孔管理"，当他们心情不好时，他们的脸色就会沉下来，不愿讲话，所以要给他们足够的时间处理自己的情绪。

聪明的女人要懂得随先生的情绪起舞，他不高兴时，别和他唱反调，顺着他，他才会发觉自己情绪上的失控。

"男人很难相处。"

琇雯有感而发，这是事实。但如果丈夫不懂妻子的需求，不知道要注意妻子敏感的情绪，就会很容易引起妻子的不满，因而引发矛盾，丈夫会越来越躲在自己的"安全区"，减少与妻子的交流。

男女相处是需要学习的，只有双方保持良好的沟通，才有机会相互学习和成长。

如果我们一直试图改变另一半，我相信这样的婚姻就会很容易触礁。我们要相信，我们的另一半一直很棒、很好，只是我们还未找到一个良好的互动模式。

"每一段婚姻都是上帝赐予的恩典和礼物。"

琇雯马上否定我的说法。她来自单亲家庭，小时候目睹过家暴，这使她对婚姻有了心理阴影。她还算幸运，先生不高兴时，就一个人出去散步或关在书房里，但她的原生家庭就并非如此了。

她的妈妈常是爸爸的出气筒，她的妈妈也总认为这是在还债，还完了，她就自由了，只是她的妈妈没有撑到债还完就自杀了。

琇雯觉得有人很幸运，另一半是来报恩的；有人很不幸，因为另一半是来讨债的。

"你认为自己的婚姻是债务还是祝福？"

"债务，因为婚姻没有让我快乐。"

琇雯毫不犹豫地回答，让我有些震惊。

人生，不可能事事顺遂

我深深叹了一口气，琇雯看不见未来，把自己拥有的一切，都视为理所当然，她真的生活得很辛苦。她的先生的确不如她的期待，但她的先生又何尝好过呢？

婚姻需要学习，是彼此珍惜和祝福的历程。但琇雯认定在婚姻中，她是个奉献者和牺牲者，但是她的先生就一定是享受者和压榨者吗？

我见过太多类似的个案，琇雯的先生认为自己也是个还债的人，他认为是前世欠了琇雯，今生才来受苦的。

"琇雯，你想用最快的时间还完债，做一个幸福和快乐的人吗？"

"任何一个人都应该赶快把债还完，还债是一件无奈和辛苦的事。"琇雯睁大眼睛，期待我给她答案。

我思索着该如何让她了解，她的幸福早已到位，她可以一直都很快乐。我引用了一位牧师的话："平安喜乐不是应得的，它是上帝赐予的恩典，如果我们不懂得感恩和珍惜，便会福尽祸来。"

我们每一次办活动，都认为事事顺遂是理所当然的，但事实绝非如此，每次活动都会有超出预期的事发生，但这不是麻烦，而是学习和提升的机会。

每一天刚开始，我都习惯祝福自己，这是充实和美好的一天。我相信任何事情的发生，都是有原因的。

每一天结束时，我都会感恩这一天的所有经历、缘遇的人和事。一切都是如此巧妙和神奇，不愉快和愉快都是人生的一部分，我感恩所有的一切。

琇雯不是很理解我的话，她的先生虽然没有带给她预期的喜乐，但往好处想：因为婚姻，生活多了个伴侣和依靠；因为婚姻，才知道和另一个人亲密生活的不易；因为婚姻，我们有机会学习做父母；因为婚姻，生活就有忙碌和成长。

"往好处想，你的先生一定也有不少优点吧？"

学会感恩，没有任何人的付出是应该的

琇雯原先不愿意多谈，她认为先生所做的都是应该的，她不需要珍惜和感恩。

我请她开始回想先生的付出和努力，以及孩子带来的欢乐。

不是先生难相处，而是琇雯不知道如何与先生建立亲密关系。

琇雯的原生家庭没有成为很好的学习典范，她必须从简单的地方做起，否则她留下的"债务"，也会像她的原生家庭影响她一样影响她的孩子。

先生难相处，是因为我们不懂得祝福自己，不懂得让自己好过，只斤斤计较自己的付出，却看不见别人的努力。

"或许你应该感谢你的先生，他期待你懂他已经很久了。"

和男性沟通时，最简单的技巧是，制造许多机会让他付出和服务，并尽可能地给他感谢和赏识，以及依靠他、需要他，否则男人会认为自己一无是处，并退缩和封闭自己。

学习感恩发生的一切，我们就可以看见恩典。

当然我们也可以拒绝改变，选择过哀怨的生活。

人 生 的 重 建 课

关于正向、积极

一切都是最好的"安排"。

你可能会不以为然，

认为那是因为自己运气好。

是这样吗？

如果你读过《看见自己的天才》，

你就会知道，我的爸妈和姐姐，

为我流过多少眼泪。

如果你了解我在专业上的付出和努力，

你就会相信一切的安排，

都来自信念，以及付出和努力。

创造自己人生最好的安排，

选择给自己的人生再一次成功的机会。

关于付出：
先照顾好自己，再为他人付出

　　咏欣和她妈妈一样，都是"以爱为名"，却持续地折磨和伤害自己和孩子。

　　她们只想改变对方，却都不愿意学习改变自己的一切。

　　"先把自己照顾好，当你的生命有足够好的质量，你的孩子自然会变好。"我建议咏欣。

三代，不断复制相同的命运

　　咏欣是我多年前辅导的个案，父母离异后，她从小跟着妈妈，有着一段很不愉快的成长经历。后来她和妈妈一样，很早就结婚、离婚，然后再婚，最后又离婚，一个人养育两段婚姻里的两个小孩。她和她妈妈一样都很辛苦地养育孩子，几年不见，她有一肚子的抱怨和不平。

　　"我这么努力，为什么还会把自己的人生过得这么糟呢？"

　　我和咏欣久未见面，当她看到我时，我察觉到她的放松。

　　这些年来，她结交了许多朋友，但都无法和她聊到她内心深处的纷扰。在我辅导她期间，她就是一个很努力想改变自己宿命的人，但这几年来，她非但没能摆脱妈妈带给她的影响，还几乎复制了妈妈的所有，她不明白原因何在。

　　我有些心疼，我觉得她的生活未必像她想的那么糟。

　　或许为了生活和养育孩子，她真的很辛苦，但她和她的妈妈已经有很大的区别。我想了很多，我希望咏欣能改变自己，远离生活的辛苦，远离妈妈的阴影。

"咏欣，你辛苦了。但我想要知道，你还想过多久这样辛苦的日子呢？"

咏欣不明白，谁愿意过辛苦的日子呢？每个人都希望离苦得乐，但很少有人了解，辛苦其实是自我选择。人有权利也有能力选择自己所要的一切，但我们却放弃了所有，最后选择了辛苦。

"我不要辛苦，我不要再这样！"

"咏欣，那你要什么呢？"

辛苦是咏欣不要的，但她一定得知道自己要什么。

在她生命的历程里有太多的愁与苦，她未必知道自己期待的幸福和快乐是什么。要怎样做，咏欣才可以快乐和幸福呢？许多人以为有钱可以让自己快乐和幸福，尤其是对咏欣来说，她一个人带两个孩子，如果有足够的钱，生活就可以无虞，她也可以少些压力和紧张感，但这未必是咏欣要的幸福和快乐。

咏欣和她的妈妈一样，她的妈妈不要钱，只希望咏欣成为一个有希望和有前途的人，那么她就死而无憾了。咏欣要的幸福和妈妈类似，她要把两个孩子养大，能独立生活，她的责任就完成了，但这样就会幸福了吗？

"你真正要的是什么呢？你已经长大，也能独立生活，已经达成你妈妈的愿望了，但你的妈妈幸福快乐了吗？"

咏欣的眼泪流了下来。

为了她，她的妈妈在她青春期时，有数不完的烦恼，现在咏欣已成年、结婚、生子，但她妈妈还是有着数不尽的烦恼。和咏欣一样，她帮咏欣带两个小孩，母女俩常因为不同的教育观念发生冲突，妈妈哭，咏欣也哭。

咏欣自己也发现了，在她青春期时，她和妈妈，加上外婆，同样的三代，拿着与现在相似的剧本。但她不明白，这中间到底发生了什么，难道就像算命师的预言，她们一家都是带着衰气的女人吗？她不相信自己不能改变命运。

在两段婚姻、两个孩子身上，她似乎感受到这两个孩子一样带着衰气。因为这两个孩子同样叛逆不肯受管教，且有着强烈的自我想法。两个孩子才读小学，咏欣就已经感觉到孩子快要脱手而去，这两个孩子难不成又要复制她的命运？

"当然不是！"

父母改变，孩子就会改变

当初不论我用多少力气解释，咏欣的妈妈都不相信她的孩子是没问题的，只要父母愿意改变，孩子就会改变。或许她的妈妈没有改变自己的能力，难道咏欣也没有吗？

"回顾你以往的路，在你叛逆的青少年时，你期待什么样的妈妈，你还记得吗？"

"一个能了解我、在乎我的妈妈。"

咏欣和妈妈一样，都不了解孩子到底期待什么样的父母，都理所当然地认为就是她们这样的。给孩子所谓的最好的保护和照顾，但最后却把孩子"爱"得满身是伤和痛，孩子也用尽所有的力量，想要挣脱你们的掌控。

我要咏欣重新成长一次，假想自己现在仍是孩子，想象她期待的父母是什么样子。如果可以重新来过，她的妈妈可以做些什么或不做些什么？她会愿意做一个听话的孩子，来和妈妈和解，且彼此有共识吗？

看着咏欣一脸茫然的模样，我知道她想试着找出答案，但最后却放弃了。她不知道自己期待她的妈妈为她做什么，因为只要是妈妈做的或说的，她都极力反对，全盘否定。她只知道不要妈妈管她太多，也不可以给她太多。

她不晓得自己期待的妈妈是什么模样，也不清楚自己想要成为什么样的妈妈，她只是有一堆的担心和烦恼，她希望孩子不要成为她的复制品。

绕了这么一大圈，我只希望咏欣能了解，没有人能真正了解和清楚该如何做一个妈妈，因为过去的妈妈在学习，现在的妈妈也在学习。

"做父母真的好难！"

"做孩子也不容易，不是吗？"

如果咏欣自己是个孩子，遇到现在她所扮演的父母，她一样会反弹和叛逆。所以我们有什么理由做让自己和孩子都不喜欢的父母呢？

"孩子会为自己找到最好的出路和选择，把这种寻找的机会还给孩子。这样，不仅你安心了，与孩子之间的关系也会越来越融洽。"

咏欣很想解释她的孩子有着许多问题，如不认真上课，上课总是惹祸、找麻烦。她很努力地要让他们成为老师眼中的好孩子，但她不知道怎么做才是对的。她担心孩子会步她的后尘，日后也会成为辛苦的爸妈。

"别管孩子，你过得好，他们就会过得好。"

"爱"会带来伤害与折磨？

咏欣和妈妈一样，都是"以爱为名"，持续地折磨和伤害自己和孩子。

别管小孩，他们会有自己最好的选择。先把自己照顾好，当你的生命有足够好的质量，你的孩子自然会变好。

"真的是这样吗？"

咏欣的反应和她妈妈当年的反应一样——都不相信。生命中纠缠不清的复杂关系，如果答案只是学习照顾好自己，那不是太简单了吗？

"真的很简单！夫妻关系和亲子关系，都需要一个成长的过程。一个不懂得照顾好自己的人，绝不会有好的婚姻和亲子关系。"

咏欣的表情和她妈妈当年一样，都非常失落，怎么会这样呢？她两段婚姻的失败和教育孩子的失败，难道都是她一个人的问题？这怎么可能呢？

"难道我真的是命运不好的女人？"

如果一个人不懂得用正向、积极的态度，时刻怀着珍惜和感恩的心面对所有，大部分和我们缘遇的人都会受到我们负面情绪的影响，这和命运无关。但如果咏欣累积了三代人的痛苦，仍执意要做用负面情绪影响别人的女人，我也帮不上什么忙。

咏欣的妈妈和咏欣的许多冲突，咏欣的妈妈经历的一切家庭不幸，都有她自己的原因。她很难教导自己的女儿，因为咏欣就是过去的她，直到现在，咏欣的妈妈和咏欣的外婆之间关系仍然欠佳，她们经常在言辞上有着激烈的冲突。

七十几岁的母亲对着五十几岁的女儿，五十几岁的妈妈面对即将三十岁的女儿，她们之间纠缠不清的情结和宿怨，都是"以爱为名"造成的。她们只想改变对方，却都不愿意学习改变自己。

"咏欣，这是辅导工作的困难之处。虽然我明白你的问题在哪里，但我无力改变，除非你能想明白和勇于改变。"

如果咏欣不选择改变，再过二十年，如果我有机会和咏欣的儿女相遇，我相信他们亲子互动的关系应该不会有太大的改变。

"这是命运的锁链，还是我们自己的选择和决定呢，咏欣？"

"我不要这样。"

咏欣要什么呢？一个看到她会笑、愿意坐下来和她聊聊天的儿女。如果她要的真的那么简单，为什么她的生活和生命会被如此多无关的事件打扰呢？

孩子在学校的表现好与坏，不过是亲子互动过程中的一个事件而已。

从"习惯为别人付出"开始改变

孩子未来是否有好的工作和高收入，并不是太重要。孩子喜欢他所做的，并乐在其中才是比较重要的。更重要的是，孩子喜欢自己，也喜欢与父母往来和互动。排除影响我们亲子互动关系的负面因素，认真和用心地照顾好我们自己，让自己成为一个经常能欢喜和幸福的人，进而影响他人，我确信就可以改变自己的宿命。

"这看似容易，做起来可不简单哦！"

因为父母习惯为孩子付出、为孩子做事，所以要为自己的幸福和快乐做些努力，可不是件简单的事。

一个人只有把自己照顾好，才可能带给别人真正的爱，否则在爱别人的过程中，会把伤和痛夹杂在其中，传递给那个要爱的人。

付出的是夹杂着伤痛的爱，别人给我们的回应也会是夹杂着伤痛的爱。我们如果没有足够的能力去警觉是自己在操控这一切，而把责任推给对方，我们将创造出更大的伤痛给自己。

咏欣经历了这一切，如果她再不停止指责和抱怨，她所有的努力就会创造更多的伤痛。

"有什么理由让这么努力的咏欣只能给自己创造出不幸和厄运呢？"

"可是……"

咏欣似乎又要依循着妈妈走过的脚步，告诉我"她知道"。

知道，却不想真正改变。

一转眼，十几年过去了，叛逆的孩子如今也为人父母，我真的只能袖手旁观吗？

我把内心真实的感受告诉咏欣，我希望她能了解，一切的改变，唯一能够做到的，只有她自己。

"给自己一次机会，咏欣。"

咏欣未给我任何回应，她看着我，流下了泪水。

"老师，我会努力试试。"

对咏欣而言，我只是她生命里偶遇的过客，我只能陪她走这么一段路，给予她最诚恳的祝福，来日再见，我希望她真的能拨云见日，创造自己应有的幸福。

咏欣，加油。

人生的重建课

关于付出

宿命，

是谁决定的呢？

你的习惯和态度，

决定你的宿命。

如果你不满自己的现在，

就重新选择自己要的一切。

没有人会为你的未来负责，

做你生命真正的主人，

做最好的自己。

关于生命质量：

努力，让生命有不一样的质量

"别再问为什么会这样，或这样公平吗，这不是好的问题。"我告诉惠雯。

我希望惠雯能往长远看，这件事让她学到了什么，要怎么做才能让这件事成为她未来生命的转折点。

一封绝望的E-mail

　　惠雯是学校的主任。我认识她时，她是一位很想表达自己教育理念的老师。而且我可以感觉得出来，她为了赢得别人的尊敬和赏识，很努力地想扮演好老师的角色。

　　我觉得这是一件很好的事，所以，我给予她很多鼓励和肯定，毕竟任何角色都是一种学习成长的历程，我也是在摸索中，不断地学习和自我成长的。

　　当时我们聊得很开心，但在离开时，我提醒她一定要多了解自己，知道自己的努力想要的是什么样的结果。

　　她一脸诧异。她心里也许会这么想，她在各方面表现得如此好，怎么可能不知道自己的努力是为了什么呢。

　　几年过去了，我几乎忘了惠雯。有一天，她写了一封E-mail给我，告诉我她非常无助。

　　有一个学生，她费尽了一切努力要拉他起来，却都得不到她想要的结果。她无力改变这个学生，只能眼睁睁地看着他沉沦。她十分难过，希望我能协助她救救这个孩子。

惠雯的付出让人感动，我也希望能尽到一份心力。这个学生的父亲因吸毒过量而死亡，母亲没有工作，惠雯怀疑这个学生的母亲也在吸毒。这对母子平时靠社会救助和学校的救助金生活，但这个学生上课极不规律，来来去去，即使来学校，也通常是在睡觉。

她安排了义工妈妈帮他辅导，也协助他在学校找到一点成功的经验，让他参与各种活动，但效果都不好。

这个学生不仅不领情，还误解了她的好意，控诉她剥夺他上课的权利，让他在学校做白工。这个学生的母亲甚至还找来校长、"议员"和媒体，指责她滥用权力，漠视学生的受教育权。

惠雯不懂她这么努力地帮这个孩子，最后却弄得自己没有台阶可下，连主任都当不成。

她告诉我，其实她不在乎这些，只要能救这个孩子，她所有的牺牲都是值得的。

我很感动惠雯受了那么大的委屈，却仍关心误解和伤害她的孩子。

教育是彼此沟通的行业

　　我分享一下我的看法，教育工作不是一厢情愿，只想到我们要得到什么。实际上，对我们而言，更重要的是了解学生和家长有什么需求和期待。当然，在这样一个失能的家庭里，他们有可能不知道或没有能力知道自己的期待。

　　教育是一种服务行业，让家长和学生了解我们的产品和服务是我们的责任，我们就要用专业和努力，让家长和学生了解我们的目标是什么。不同的家长和学生有不同的需求和期待，我们应尽最大的努力，把最好的产品送到家长和学生手上。

　　在行销上，家长和学生是没有责任的，我们要做的是，教导家长和学生了解和熟悉我们的产品和服务，并进一步认同我们，给我们服务的机会。当然教育和产品在市场上的营销不能一概而论，但整个时代潮流和社会的变化，对学校和教育工作者的期待和要求，已经是非常相近。

　　许多家长放弃主动了解教育的义务和责任，把教育孩子的责任全推给学校，只会指责和索求。

　　我的想法是，与其和家长争论，不如回头去思考，如何经由整个市场的机制，把教育的理念和价值营销出去，让他们站在消费者和使用者的立场去思考，让他们了解我们的努力和目标，用邀请投资人或合伙人入股的心情，说服学生和父母一起为未来的获利共同打拼。

在法院服务的经历，使我很能了解惠雯的挫败感。

她付出了那么多的努力，却换来学生和家长的误解和投诉。

我常把自己的工作比喻为开店卖产品，我的产品是"爱和希望"，我的顾客是学生和家长。他们很可能无法了解真正的"爱和希望"是什么，我必须经由一再的会谈和访视，让他们了解，一起努力的结果，最大的获益者是他们自己。

当然，我也不是做无用功的人，我很清楚自己的努力是在磨炼我的专业能力，让我在未来有更精准的专业能力，以便改善和提高我和别人的生命质量。

每天都行销"爱和希望"

我不为薪水工作，我为自己生命的质量和理念工作。

二十几年来，我不曾升迁过，我相信人不会因头衔和职称而伟大，但一定会因为努力和付出让生命有不一样的质量。我每天都在行销"爱和希望"，我付出越多，就得到越多。

惠雯因为这件事，主动辞去主任职务，重返第一线做老师的工作。

我称赞她不仅能伸能屈，还是一个有大智慧的人，她知道自己真正想要的是什么。

但事实上却并非如此简单。在多次的通信和会谈中我才知道，惠雯曾经为此让自己陷入了忧郁的泥淖，一度走不出来。

她来自一个贫穷的家庭，父母都是靠体力做工为生。她选择老师这一职业是不得已的选择，因为在那个时代，师范学校是公费，毕业后又能马上有工作，为了让自己翻身，脱离贫困，惠雯很努力地学习，让自己有能力选择自己想要的人生，她也一心一意希望在教育体系中出人头地。

在教育的体系中要有成就，就要走行政的路线，要受人尊敬，就要有教育的大爱，把每一个学生都带起来。惠雯这几年来真的很努力，她还考取了候用校长的资格。

她这次急流勇退也是不得已的选择，因为她经手的几个弱势家庭，虽然她都尽了最大的努力，为他们争取最大的福利，但她的努力却未能让家长和孩子了解，还让他们认为这些福利是理所当然的。

许多教育资源都是浮动的，今天能取得，并不代表明天一定也会得到，在别的区域或学校能获得的，在这个学校则未必能得到。

惠雯因留意到学生家长的特殊状况，她认为把钱或资源直接交给家长，家长未必能把这笔钱用在孩子身上。所以她就把钱留下来，分次和适时地给予学生，但这样的做法却引起家长的不满和误解，衍生许多让惠雯受伤的事件。

惠雯刚开始还极力为自己辩解，但媒体的炒作和网友不理性的讨伐行动，让惠雯心灰意冷地从主任的位置上退了下来，她不知道自己做错了什么。

"用最大的努力让学生获得最大的保护和利益，有什么错呢？"

这是一个多元和复杂的社会，我们不能从单一的角度看问题和处理事情。

抱怨，无济于事

在几年前我就了解，一定要引用商业的知识，用市场经营和营销的观点，衡量成本和效益，思考如何用最少的投资去产生最大的效益，甚至从功利的角度去博取学生和家长的认同，更重要的是，一定要有风险管理的意识。学生和家长很可能会漠视教育的使命和责任，但对自身的权利和付出斤斤计较。讲得明白一些，许多弱势家庭因为生活的困窘，会把钱的重要性放到最大。我们眼中的小钱，对他们来说可能是一家人一天的生活费。

惠雯会引起那么多和那么大的非议，来自她自认的无私和公益。她的确没有侵占学生的任何权益，但同样的钱和资源，一次给和分几次给，就像能吃一顿大餐变成只有一碗白米饭。

惠雯是往长远看，一学期或一个月的补助按日给学生，让他每天的生活得到基本的满足。但家长却感受不到她的用心，只认为自己应得的福利被克扣，加上部分媒体和政治人物都是嗜血地希望扩大事端以得到自己的利益，并不肯仔细地了解真相，行政主管单位也倾向息事宁人，牺牲惠雯，让事件得以平息。在这种情况下，惠雯当然会受到许多伤害。

"别再问为什么会这样，或这样公平吗，这不是好的问题。"我告诉惠雯。

我希望惠雯能往长远看，这件事让她学到了什么，要怎么做才能让这件事成为她未来生命的转折点。

"往好处想。这样的事，对你有什么好处？"

这个时代，在学校从事行政工作是一件吃力不讨好的事。惠雯苦心经营，希望自己能够出类拔萃、晋升校长一职，让自己也成为成功的代表，这没有什么不对或不好。

以她用心和认真的态度，若她成为校长，一定会造福更多的学子，但现在她不得不转换角色，成为学校基层的老师。

她有一种被羞辱的痛苦，她不知道自己的未来是什么。她还没有退休，未来还有好几年要度过，她对教育事业也还有着一份热忱，但她完全提不起劲儿，不再像以前一样有行动力。

梦想，永远来得及追求

往好处想，重新归零。在基层的服务里，去操练自己的教育和专业，有什么不好呢？让自己有多一点的时间去思考，有什么不好呢？往好处想，领同样的薪水，却只有以前当主任时的一半工作量，多出不少属于自己的时间，何不利用多出来的时间陪陪父母、爱人，或锻炼自己的身体，这又有什么不好呢？

"壮志未酬。"

惠雯仍未放弃她当校长的梦想。

"身未死。"

惠雯还有许多机会，我并未以自己的价值观去告诉惠雯，要放弃梦想，做一个平凡和简单的人才容易得到幸福和快乐。因为我知道一个人的梦想，唯有实践和完成，她才能够真正放下。

我鼓励她，利用这难得的空当，提升自己的能力和完善自己的竞争条件，以她积极认真、全力以赴的态度，未来一定还会有机会的。

惠雯决定先去完成这几年来一直很想做的事，把学位拿到手。她积极准备研究所的考试，另外，她把这几年自己从事辅导和行政工作的心路历程，认真地写成书出版，并在自己的班级进行全新教育和班级经营的改革。

她也发表了好几篇相关的论文，顺利取得了学位。

"有一天，我一定要当上校长。"

我给予惠雯最大的祝福，惠雯有明确的人生目标和努力的方向，这是何等幸福的事！享受追求梦想的旅程，虽然人生总会有许多不如期待的境遇，虽然我们改变不了环境给予的冲击和挫败，但我们可以有全新的选择，就像惠雯一样，从零开始。

她重新站起来，我相信她以后会是教育界的巨人。我衷心祝福她心想事成，梦想早日成真。

"加油，惠雯。生命的恩典与礼物，早已为你备下，并且安排妥当，就在生命的前头等着你，继续前进吧！"

人生的重建课

关于生命质量

原生家庭和父母，

对每一个人都有重大的影响。

如果我们是自己真正的主人，

就让自己从零开始，

选择我们真正期待的人生，

给自己一个全新的开始。

关于价值：
追寻你生命中真正重要的事

"如果你发现同事正在接洽一个客户，而你有机会把这个客户抢过来，你的选择是什么？"

"这还用说吗？商场如战场，能赚钱绝不手软。"

芷盈的做事态度只能让她赢得一时，无法让她赢得一世，她的路会越走越窄。

只赢不输的女孩

芷盈是我到保险公司演讲时认识的朋友。刚接触芷盈，我就感受到她是个充满企图心的人，她在公司的表现还不错，但她和同事间的关系却非常疏离。同事几乎都认识她，却都和她不熟。

有一天芷盈来找我，希望我能辅导她改善人际互动关系。

"芷盈，你只赢不输，人际关系是不容易搞好的。"

我看她全身戴满了各种吉祥的吊饰，有貔貅、有咬钱的蟾蜍，还有一只绣满金钱符号的小钱袋和一个金色的算盘。

"天生爱钱，只想赢不想输。"

芷盈来自单亲家庭，妈妈给她取的名字，就是要她只赢不输。

因为家庭，她的妈妈独自养家，所以对钱非常看重和敏感。只要谈到钱，妈妈的眼睛就会亮起来。她妈妈是个很会算计的人，芷盈高中毕业后，也不管她的功课和兴趣如何，硬要她读职校夜间部，白天安排她工作。这样她可以自食其力，每个月还能拿五千元伙食费给妈妈。

芷盈从小就很好强和争气。她读夜校时，年年都是全校第一名，拿了不少奖学金。芷盈白天当小职员，没过多久就被老板主动升为正职。她高职毕业时，选择念夜校的技术学院，之后她一边工作，一边读书。

因为她想多赚一点钱，所以换了好几份工作，最后她发现，要赚钱就不能当一般的上班族，要做业务员，而在做保险业务工作之前，她还做过手机业务员、化妆品推销员和房屋中介员。

她的业绩一直很好，不过她的眼里只有钱，所以她连续几个月没休假，还连续好几个月每天工作十六个小时。

"爱钱，没办法！"

做保险工作时，她是死缠烂打型的。为一张保单，她可以守株待兔，盯着客户几个月，直到客户妥协为止。为了赚钱，再多的辛苦她也不在乎。

钱，不等于一个人的存在和价值

"钱对你有什么特别意义？"

对芷盈而言，钱是一个人的价值和尊荣。她很小就注意到，她的妈妈眼睛里只有钱，很少把她和妹妹放在眼里，她的妈妈手里和眼里都只有钱、钱、钱。

只要有钱，就可以让妈妈看重；只要有钱，妈妈就能和颜悦色地对待她。

只要有钱，她就会感受到自己的存在和价值；只要有钱，就可以得到别人的尊重。可是她不明白，她在公司的业绩那么好，为什么得不到老板和主管的赏识。她的绩效表现足够让她每年都得到大奖去旅游，可是她的主管却总会找出许多理由，例如，被投诉次数太多，或者顾客抱怨和退保等，把她刷掉。

刚开始，她也不是很在乎，依然我行我素，因为在业务单位里，只要有业绩，就可以走路有风。直到最近，她发现自己的上司和同事都在暗中恶整她，故意隐瞒她的业绩，或弄丢她的文件，让她无法达成业绩，甚至破坏她和顾客的关系。

"你为什么会选择保险业务这个行业呢？"

在芷盈做过的工作里，应该有比在保险行业更适合她的工

作，因为保险工作不单纯是业务，最重要的是人与人之间的信
任和互动关系。以她做事只看重钱的心态，无疑地，她会做得
很辛苦。

她有些成就是因为她的企图心和行动力比谁都强，可是
若长久从事这份工作，以她唯利是图的状况，绝对会越做越
辛苦。

"薪水由自己决定，做多少，赚多少。"

其他的业务工作不也是如此吗？芷盈告诉我她喜欢与人互
动，认识新朋友，但她也告诉我，她没什么真正知心的朋友，
她认识一堆人，但都仅止于认识。她会来找我，很重要的原因
是，我很重视她，把她当朋友。

"你要有多少钱，才会觉得自己真的有钱和安心呢？"

芷盈和我认识的其他朋友很像，都想要有钱，却从未想过
一个明确的金额。芷盈觉得自己像一只活的貔貅，只想进，不
想出，越多越好。

钱永远不嫌多，所以，芷盈永远都在努力、辛苦地堆积金
钱。她不像其他业务员，有钱就用来买车、买房，或买首饰、
名牌包，她很节省地花着自己辛苦赚来的钱，因为她的妈妈认
为有钱才重要，其他都是假的。

"如果你发现同事正在接洽一个客户，而你有机会把这个
客户抢过来，你的选择是什么？"

"这还用说吗？商场如战场，能赚钱绝不手软。"

比占有更重要的事

　　我问这样的问题，就是想让芷盈知道，她用什么态度对待别人，别人也会用什么态度对待她。她好强，别人就会用更强的方法回应她；她狠，别人会比她更狠；她没天良，就休怪别人不择手段地排挤她。

　　芷盈的做事态度只能让她赢得一时，无法让她赢得一世，她的路会越走越窄。一个自私自利的人，其所遇到的人都会与她的特质相像。

　　如果芷盈想赚更多的钱和有更长远的发展，就一定要懂得经营，而不是掠夺；要懂得投资，而不能只是占有。

　　芷盈不懂，现实社会不就是这样吗？弱肉强食，而且只有适者能生存，不适者就会被淘汰，不是吗？保险业务员没有业绩，人再好、服务再好，都没有用，有钱才有生存的条件。

　　这没什么错，现实的确如此，但不一定是靠比强、比狠和比没天良。要靠知识和智慧长期经营和投资，我们才可以越做越轻松、越做越欢喜。

　　"卢老师，你不在这个行业，你不了解！"

　　我的确不了解芷盈所面对的人际关系上的困境，她正逐步陷入危机，怎么还未觉悟到是自己导致自己陷入困境的呢？一个用最大的善意去对待别人的人，如果遇到像芷盈这样唯利是图、只在乎眼前利益和得失的人，一定会很受伤。

芷盈没有朋友是可以理解的，她从不经营和投资她的友谊，她的眼中只有钱、钱、钱。她看不见朋友，也看不见爱。

"芷盈，你觉得自己幸福、快乐吗？"

她从未想过这两个词。她告诉我赚到钱的那一刻很快乐，但快乐一会儿之后，她就继续寻找下一个赚钱的机会了。

我看她健康状况欠佳，她却告诉我，她只是比较容易累，有时胃会痛、头会痛，但只要有钱赚，她就什么痛都忘了。

"你赚来的钱都做些什么呢？"

"存起来啊！"

她舍不得多给妈妈一些钱，她觉得一次给多了，会养大妈妈的胃口，她会越来越难满足。一次一点点，让妈妈不得不对她好，否则她就不给。

芷盈认为她妈妈也是只貔貅，有进无出。她给妈妈一百元，就休想再从她的口袋挖出一毛钱。

"芷盈，你妈妈应该五六十岁了，你认为妈妈这样的人生是你要的吗？"

芷盈有一堆的指责和抱怨，她觉得妈妈从小就很无情地对待她和妹妹。妹妹很率性，拒绝给妈妈钱，所以被妈妈赶了出去，从此再也没回来过。她妈妈经常一个人在家，没什么亲戚、朋友，因为她认为亲友会来找她都是为了借钱。她妈妈很孤单，她最大的乐趣就是数钱，她的眼中只有钱。

"你希望过妈妈这样的人生吗？"

芷盈没有结婚，爸爸妈妈的婚姻也很不愉快，妈妈向她传达的观念是：结婚是找一个债主来折磨自己。有钱自己舍不得花，却找一个人来帮你花，所以只有傻瓜才会结婚。

妈妈给她的人生似乎没有太多选择，就是认真、拼命赚钱，有钱才有一切。芷盈是有钱了，但她就拥有一切了吗？一般人谈到这里都会有点感伤，但我注意到芷盈，她似乎毫无感觉。

"你不觉得自己过得很辛苦和难过吗？"

妈妈复制给女儿的人生

芷盈的表情很茫然，她知道妈妈复制给她的人生不是自己要的。她在单一价值观的家庭中长大，她害怕改变，也不敢有新的选择，她怕失去生命中最珍贵的钱。

她来找我谈话，问我的第一个问题是，接受咨询需要付费吗？我告诉她完全免费服务，她才安心坐下来。

我问她如果花一些钱，就可以让自己更快乐和更幸福，她愿意吗？她竟然很迟疑地问我，快乐和幸福是什么？它们可以拿来赚更多钱吗？

在潜能开发课程中，一个很重要的原则，就是一个人把注意力放在哪里，他就会得到那个东西。芷盈把生命中全部的注意力放在金钱上，她就得到了钱。

为了钱，她可以忘记身体的病痛，她可以不要亲情和友谊；为了钱，她什么都愿意做，她真是个唯"钱"是图的人。

我测试她，假如这里有一只活蟑螂，如果她把蟑螂吞下去，我就给她一百元。她犹豫了一下，后来我把一百元调整成一千元，她告诉我，她会做。她的理由是吃蟑螂又不会死，只要花几秒钟就可以赚一千元，为什么不赚？

我接着问她，如果有换肾的病人要买她的肾，一个肾五十万元，一个人有两个肾，只有一个一样可以存活。她竟然告诉我，她会考虑。

"五十万元，很多耶！"

我再问她，如果有一张保单，她要拿到的条件是要她用"性"来交换，她会考虑吗？她也毫不犹豫地告诉我，只要保单够大，她会考虑。

我又问，如果用一亿元可以换她的性命，她也愿意吗？她说，这是当然的，因为她想自己一辈子都赚不了一亿元。

"你都死了，还要这些钱做什么呢？"

我试图调整芷盈被家庭和自己长期禁锢的价值观，但她的执着强度已超越我认识的所有人。一个人为了钱，连"健康"和"性"都可以抛弃，甚至连命都愿意拿来换，那么钱的意义和价值已无可替代。这样的人为了钱，是什么事都可以做得出来的，但芷盈一再强调她绝不做违法和伤天害理的事。

这我相信，违法了，她就无法再赚钱了，但人死了，钱还有什么意义呢？芷盈死了，她要把这一亿元留给谁呢？

这个问题难住了她，她绝不愿意把用生命换来的钱留给妈妈或捐给慈善事业，她最后决定要让钱和她一起陪葬，她要让钱和她永远在一起。

人死了，化为虫蚁的食物，钱也将被腐蚀，芷盈到底得到了什么呢？

"死的时候有钱，总比穷死的好。"

比钱更重要的人生价值

芷盈爱钱的意志真的是无人可比，不过在这样谈话的过程里，我发现芷盈的心已有所动摇，她开始思考除了钱，还有什么是更重要的价值。

在谈话结束前，她感谢我，并且告诉我，她会照顾好自己的健康和生命，因为它们是赚钱的根本。

过了几个月，芷盈寄来一封信，告诉我，她发现比钱更重要的是人与人之间的"情"。

因为她生病了，照顾她、对她不弃不离的，竟是她眼中只有钱的妈妈。

她原本也以为妈妈是在照顾她的摇钱树，后来她才发现，妈妈偷偷地买了几份人寿险和意外险，受益人都是芷盈。

在她生病期间，她们母女俩有许多闲聊的机会，她才明白，她在妈妈的心目中，比钱更重要。

她第一次见识到妈妈的慷慨，是妈妈要拿出所有的钱挽救她的健康。

她在住院期间，每天都像个小婴儿，让妈妈喂饭和换尿布。她第一次尝到爱和幸福的滋味。她告诉我，钱不再是最重要的，"爱"才是。

爱是阳光，如果没有爱，占有的钱再多，人都是贫穷的。

收到芷盈的信，我眼前也充满了阳光。

我们一生所有的努力，原来追求的东西是这么简单和容易，但我们往往绕了一大圈，才能见到真正的阳光。

人生的重建课

关于价值

阳光一直都在，
只是我们的脸习惯朝向阴暗和悲伤。
光是诅咒和抱怨，
永远改变不了厄运和不幸。
只有你自己的觉察和意愿，
才能让自己的生命好过，
让自己的人生充满光明和希望，
让阳光永远在你的眼前。

关于梦想：
为梦想奋力一搏

　　耀民可以选择继续上学，也可以选择去做违法的事，但他决定给自己一条路走，因为他清楚地知道，没有人可以为他的未来负责。

　　他所有的努力都是为了自己，所以有什么理由去选择充满伤痛和遗憾的未来呢？

厘清我们对钱的真正需求

　　耀民是我多年前辅导的孩子，他从一个中学辍学生，重回学校读书，不仅找到了自己努力的方向，也赢得了自己想要的东西。

　　"怎么样才可以有钱？"

　　有一次，我辅导耀民，他突然问我这样的问题。

　　"有钱是什么意思？"

　　耀民那时候是个辍学生，他在外做计时或计日工，觉得赚钱很不容易，花钱却很快。他很希望自己有很多钱，很多很多用不完的钱。他想买什么就可以买什么，不用害怕没有钱。

　　"耀民，你认为，钱可以给你自由和选择？"

　　我辅导的孩子几乎都很爱钱，但他们却不知道钱带给他们的真正价值是什么。只有厘清他们对钱的真正需求，他们才不会被钱迷惑和困扰，才能做懂得用钱的人，做钱的主人。

　　"有钱还能给你什么呢？"

"有钱就有尊严，有钱就有朋友。"

口袋里有钱，就不用低声下气地向爸妈伸手，也不用看爸妈的脸色。朋友在一起就可以很爽快地请客付钱，赢得朋友的尊敬。有钱甚至可以让耀民享受别人的服务。

"还有呢？"

"有钱可以有自己的摩托车、汽车和自己真正的家，有钱可以买到所有的东西。"

"如果你现在有用不完的钱，你最想做什么呢？"

"环游世界。"

耀民的梦想和许多人一样，但关键应该在于如何才能有钱。

"认真工作，努力存钱？"

耀民以为我和他爸妈的答案一样，但我的答案是提升自己的价值。

如果要用时间换钱，做什么事，时薪、日薪和月薪会比较高呢？如果是卖体力和劳力，怎样会有更高的收入呢？如果是要卖技术和脑力，哪种专业最能赚钱呢？

我问这些问题，就是想让耀民找出一条更好的路。

我希望他找到的是风险低、利润稳定的赚钱方法。如果做犯法的事是最好的选择，耀民为什么不继续做呢？

"犯法是迟早会出事的，只是早死或晚死罢了。"

引导青少年"为自己"思考

在和青少年对话的过程里，我很少给他们答案。

我相信每个人都会为自己做最大的设想，找到最好的出路。为非作歹可能一时有很好的报酬，但要付出的代价比所得高太多，所以，大部分人都不会给自己找麻烦。

"难道你就没有别的选择了吗？"

耀民因为和我关系不错，他也相信我不会板起脸来教训他。他试探地告诉我，他有朋友在诈骗集团，他觉得这也是快速赚钱的好方法，还有，也可以卖盗版的软件。

当耀民这么说时，我都不予否定，让他继续讲，因为这些想法可能是他想过或以后可能会去做的，我讲再多都难以说服他。只有他自己才有能力决定自己的未来。

"你觉得这些人赚的是什么钱呢？"

黑心钱吗？也未必如此。

我希望耀民能从人性的需求和弱点去思考，人都有贪念，想一夜暴富、想不劳而获，以及恐惧失去和贪小便宜，所以诈骗集团和盗版光盘制造者才有机可乘。

情欲是人的本能需求，大部分的人都很难随心所欲地得到满足，所以，才有色情行业出现。

而人性的需求除了性，还有对死亡的恐惧、对未来不确定的惶恐，以及担心意外和失去健康，所以会祈求平安，希望能有十足的安全和保障。

我希望耀民能从食、衣、住、行、育、乐去思考这个社会，社会上有这么多的人，大家都期待什么样的产品和服务呢？而且不只可以赚到钱，还能不违反法律和社会道德。

因为喜欢，所以愿意用心和努力

"做全世界最好吃的鱿鱼羹。"

耀民的妈妈在市场摆摊卖面，所以他第一个想到的是他爱吃的鱿鱼羹。每个人每天都要吃饭，而在市场卖面，不必做到世界第一，只要是那条街或市场最有特色和最好吃的就够了。

耀民看到妈妈每天天不亮就要出门，一天工作超过十二个小时，他觉得这种钱太难赚了。他的妈妈辛苦是因为薄利，再者，除了用餐时间，大部分时间都是在等客人。面摊能卖什么样的特色早餐？因为在市场做生意的人，通常没有太多的时间用餐，十点时，客人渐少，什么样的食物可以缩短他们的用餐时间，又可以让他们拿着吃？中午时，市场要打烊了，上班族要用午餐，什么是很快就能做好，又可以带走、方便吃的呢？

他的妈妈之所以很辛苦，是因为午餐过后，她要在摊子上等黄昏市场和来吃晚餐的人潮，两点到四点之间能卖什么呢？这个时段，市场会有什么样的饮食需求呢？晚餐以目前社会的形态，什么样的小吃会吸引大量人潮来光顾呢？

我不懂得做生意，我只希望耀民能了解，赚钱之道来自对社会大众的服务，你能提供的服务越多，你就有越多的机会赚到钱。

耀民回到学校就读，我希望他去思考几个问题。

"耀民喜欢做什么样的事？"

喜欢虽是一种感觉，但这种感觉是一个人内在潜能的展现。自己喜欢的事，才会用心和努力地去做。

耀民不喜欢做固定和机械式的工作，他喜欢有创意和变化的工作，他喜欢交朋友，也喜欢和别人聊天，如果每天只是和别人聊聊天就有钱可以赚，他一定愿意努力去做。

"什么东西是耀民喜欢的呢？"

耀民不重视食物，他从小就跟着妈妈做生意，在生意空当，一碗干面、贡丸汤，就是一餐，他从不挑剔和抱怨，不重视吃，觉得吃没有什么吸引力，所以他不适合做餐饮。

他喜欢玩，市场常有玩具摊，他喜欢去那里帮忙，教别人玩各种不同的玩具。他喜欢操作机械的东西，也喜欢和别人分享，所以他适合去读高职的机械、汽修、电机科，以此专业作为基础，未来再从事维修或相关产品的销售。

耀民的目标如果是赚到更多的钱，他可以选择销售工作，因为从事维修的上班族收入固定，不符合要求。

对耀民而言，只要一直有金钱入账，他就会感到无比兴奋，也会有很大的动力从事销售工作。但和之前谈的一样，他一定要了解社会的各种趋势和需求，就像自行车的风潮，在风行一时后，就会慢慢消退，但还是有生意可以做，例如，特别的需求或精品化，或者特别高级的车种，依然有一定的市场需求。

"再者，耀民要清楚地知道，自己五年、十年之后，做什么样的行业和工作能让他乐在其中，并且享受这份工作。"

为自己读书，而不是为父母或社会的期待

工作就是为了赚钱，我的许多朋友在选择专业的时候，都以未来工作为导向，选择好找工作的专业或成为公职人员，最后发现自己并不适合这类工作。

为了一份薪水忍受着各种不愉快和辛苦，最后让自己身心

备受折磨，甚至全身都是病，这样的话，薪水再高都不值得。

趁年轻，还有许多选择时，要想清楚自己期待和适合的工作。那么未来工作就不只是工作，而且能享受工作中的学习和成长。

耀民在我的辅导结束之前，便已回到学校，从此再没辍学。

他知道要为自己读书，以现在的教育和考试体制，对部分孩子来说其实不是很公平，能有学习的机会，已经非常不错了。

耀民对自己的期望并不高，有个私立高职可念，他就满意了。但他很在意选择的科系，他本来想选餐饮科，因为毕业回来可以接管妈妈的小吃摊，但他又想到了我的分析，所以选择了汽修科。

他的理由是，汽车对他而言，是个很大的玩具，他喜欢拆拆修修，更重要的是，他未来想成为从事汽车买卖的业务员。有足够的汽修背景，他才会更有信心地推销汽车。

几年过去了，有一回，我一个好朋友要买车，他到各种品牌的销售点参观，结果他买了从未想过的牌子和车型。这位好朋友告诉我，因为有一位杰出的销售业务员让他很感动。

这位业务员告诉他，买车最重要的是需求、安全和维修保养，后来我才得知这位业务员就是耀民。

他告诉我的朋友，他选择这家车商是因为他自己喜欢，因为如果自己卖的车子，自己都不喜欢，自己都不会选择，那么这辆车一定卖不出去。一个无法说服自己的人，又如何去说服别人呢？

耀民把自己用车的经验分享给我的好朋友：一辆车一般会开八年到十年，但如果选错车，只要一上车，心情就会不好，并且还要忍受八年到十年，岂不十分痛苦？

他要我的朋友不要急，先把可能会买的车全部试过，再深入比较，适合别人的未必适合自己，不要只听信业务员的话，要相信自己的感觉。

我的朋友绕了一大圈做比较后，他就完全相信了耀民，还买了耀民介绍的车款。

"耀民，你真不简单！你做得很成功！"

在拜访耀民之前，我已经登录过他公司的网站，知道他已多次名列公司的年度销售排行榜榜首。

他告诉我，高职毕业时，他因为清楚地知道自己的方向，所以到过许多家汽车公司上班。他想了解各种不同汽车品牌的文化，最后他选择了这家公司，并且立下目标，做区域性最好的业务员。虽然他绩效很好，但他拒绝任何职务的升迁。

他告诉顾客，他绝不会离职或调职，因为他要在最近的地方给他的顾客最好的服务。他卖车没有赠品，也不曾降过价。

他告诉顾客，买到便宜的车，绝对比不上忠诚的服务。顾客的车子用多久，他就服务多久。关于车子的问题，他全数负责。

刚开始很辛苦，但做到第五年以后他就很轻松了。顾客不断介绍客人给他，客人要换车，他是最好的顾问。顾客拿他当朋友，信任耀民的专业性。

追逐梦想，未必要很高很大

"你成功的秘诀是什么？"

耀民告诉我，在他最彷徨的时候，遇到了我，是我给了他人生最重要的思考方向。

"人生是自己的，要为自己的现在和未来负责。"

"明确知道自己适合的位置，把自己放对位置，做自己喜欢的事！"

"学会投资自己，用心学习和努力。"

"成功没有捷径，你选择什么和付出什么，就会得到什么。"

从耀民身上，我学习到，一个业绩很好的人，背后往往没有什么秘密。因为他们只是在做自己喜欢的事，并且勤奋地为自己的目标坚持和努力。

　　追逐自己的梦想，这个梦想未必要很高很大，做一个基层平凡的小人物，一样可以快乐地享受自己所有的一切。

　　"最重要的是，要做得开心。"

　　耀民很有自信地分享心得给我。

　　十几年前，他可以选择继续辍学，也可以选择去贩毒或做违法的事，但他决定给自己一条路走，因为他清楚地知道，没有人可以为他的未来负责，他所有的努力都是为了自己，所以有什么理由去选择充满伤痛和遗憾的未来呢？

　　人生的道路是如此简单，你选择什么、付出什么，你就会得到什么。

　　为什么不在我们还有机会和能力选择时，给自己最好的一切呢？

人 生 的 重 建 课

关于梦想

梦想的背后不是一连串的机会和幸运,

而是一再地坚持和努力。

成功真的很辛苦,

但我知道,失败也绝不好过。

我选择成功的辛苦,

而你要选择失败的痛苦吗?

给自己的梦想和未来,

一次成功的机会。

尝过成功滋味的人,

绝不愿意自己有任何一次失败,

努力,努力,

坚持,坚持,

为自己创造一次又一次的成功经验。

关于沟通：
先处理好自己的情绪，再与对方沟通

　　我建议逸玲，先别急着和儿子接触和谈话，先让彼此都有一点心理调适的时间和空间，可以和孩子约好，三天或一周以后单独谈谈这件事。

　　这是一个生命学习的课题，孩子在学习，妈妈也在学习。

每个人身上都有原生家庭的包袱

　　逸玲几年前因先生家暴来到法院，当时她因有亲子教育上的问题，法官介绍她来找我谈谈。

　　她很疑惑，一个原本贴心懂事的儿子自从上了高中之后，竟然学他的爸爸用很粗暴的方式对待她，这让她十分担心和寒心。婚姻上所受的折磨，她都可以忍受，但她无法接受儿子对她的粗暴举动。

　　她的先生有很高的学历，也有很好的工作，平日待人也不错，不知道为什么只要一生气就摔东西、骂脏话和动手打人。结婚多年后，她才渐渐明白，先生是受原生家庭的影响，因为她的公公也是如此。

　　她的公公来自一个很有名望的家族，对任何人都很客气有礼，唯独对婆婆动不动就恶语相向。有一次过年，不知道怎么回事，外面传来吵吵嚷嚷的吵架声，她的公公也不管众子女在家，就在厨房里对她婆婆动粗。她的婆婆因为家里有子女在，稍微有些底气，就和她的公公对峙。最后两人闹到警局，让子女十分难堪。

逸玲丈夫的四个兄弟都有家暴的倾向，连女孩都饱受家暴之苦。逸玲担心她的孩子会成为潜在的家暴者，她很希望能终结这样的噩梦。

逸玲最后选择离婚，既然她改变不了她的先生，至少得让她的孩子远离家暴。

最近她因孩子的问题，希望我能给予协助。她的孩子在读高中，但整日沉迷网络游戏，她和孩子因此发生了严重的冲突。她很生气地把电源插头拔掉，她的孩子竟然对她拳打脚踢，还口出秽言羞辱她，她不知该怎么办。

孩子对自己家暴，她不知道该向谁求助，她也不敢贸然报警，担心和孩子的关系从此决裂，也怕给孩子留下不良记录，影响孩子的前途。但因为这次家暴，她每次回家都很害怕，家不再是安全的地方，孩子狰狞的面孔让她十分不安。她不知道以后自己该如何面对和管教孩子。她该怎么办呢？

男性需要的不是"管教"

这是一个很复杂的问题。之前，她为了先生的家暴出庭，在法院，我就曾把重点告诉她，一个男人，包括升上初、高中的男孩，他们是不愿让别人管教的，有事既不会求助，也不会找人商量，习惯自己解决。

他们习惯把自己封闭起来，和自己对话。把自己封闭起来，未必是关在房间里什么都不做，可能是暂时不管这件事，专注看电视或打电子游戏、看报纸或重复做些让自己好过的事。

不管做什么，他只有一个简单的诉求，就是让自己纷扰的思绪平静下来，让自己好过一些。如果我们不了解，偏偏选在这个时候打扰到他，他像野兽般的情绪就会被挑起。许多家暴事件，都是在先生遇到困难，情绪低落、懊恼、极度沮丧、找不到情绪的出口或被严重打扰时发生的。

当时我曾分享这样的经验给逸玲，我想，她一心一意寻求脱离家暴，让自己有一个新生活，可能没有用心听我的分享。我当时也要她开始学习，把她的儿子看成男人，不要再用管教或管控的方式面对即将进入青少年时期的儿子。

男孩对管教的话是很敏感的，他表达不舒服的方式，在妈妈眼里可能便是叛逆和不服管教。

其实许多时候，他都没有任何恶意，只是在向这个打扰他的妈妈提醒，"你打扰到我了""你让我很不舒服"，希望妈妈能给他足够的空间和时间思考和解决自己的事。

很多妈妈都不了解这些，只会继续把孩子逼到墙角。最后孩子用很粗暴的方式反抗，亲子关系就这样受到严重伤害。

母亲先处理好自己的情绪，再与孩子谈

"这么乖的孩子，怎么会变成这样呢？"

逸玲很伤心地哭着。我实在不忍心告诉她，她的孩子没什么大问题，是她把孩子逼到了墙角，才会让亲子关系陷入困境。

当一个男孩子正和网友在游戏上厮杀时，他们都是以一个团队的形式在彼此攻防，妈妈唠叨个不停，还把电源插头拔了，以我的经验，十个孩子有九个会对妈妈表达极重的愤怒和抗议。

孩子沉迷电子游戏绝非一两天，如果是我，我会让孩子玩完这一局，并且睡饱之后，在很好的情境下，再和孩子谈"自我和时间管理"。因为父母如果自己也陷入了负面情绪，又如何引导孩子用正向的方式回应呢？

"逸玲，你辛苦了。你一个人既要工作，又要带孩子生活，真的很不容易。"

的确是很辛苦，逸玲当初为了取得孩子的监护权，可以什么都不要，她只希望孩子有一个健康的成长环境，远离家暴的阴影。

如果孩子能懂事，那她的辛苦都是值得的。但孩子对她的粗暴举动，令她伤心欲绝，她不知道自己的未来还有什么希望。

我能体谅她，也能理解她。背负这么沉重压力的妈妈，在她无法得到孩子的认同和谅解时，会有什么表现完全可以想象。她一样有情绪，她把在婚姻里受的委屈和现在的辛苦，以重复念叨的方式，对孩子进行疲劳轰炸。

孩子一直用理智压抑心中的不舒服，但他尽可能专注在游戏上，因为他想避免严重的冲突发生。谁知妈妈不仅不知道要停止唠叨，还动手拔掉电源，这一瞬间，之前经历的家庭暴力的阴影，取代了他的理智。他活在父母的家暴里，妈妈不好过，但他就好过吗？妈妈的苦没人能懂，他的苦又有谁懂呢？

他可能在起身重新插电源的时候，和妈妈有一点小小的肢体接触，妈妈的紧张和防卫，直接导致他情绪的崩溃——出手伤人。

一个有过暴力经历的男人，他的内心一定有着许多的纷扰，我相信他也很懊悔，希望这一切都没发生。

他很想向妈妈认错道歉，但妈妈没能给他机会和台阶。时间拖得越久，他和妈妈的关系就越僵化。为了让彼此都好过，孩子只有躲起来。

逸玲很痛苦，因为现在的情况让她的身心备受折磨，但如果无法解开这个结，她的未来会更痛苦。

学习和男人相处及生活

"事情已经发生了，你想要什么样的结果呢？"

孩子该跪在妈妈面前好好忏悔和认错？这真是大逆不道的错，可是这样的不幸是谁惹出来的呢？如果妈妈没有唠叨个不停，如果妈妈没有粗暴地拔掉插头，这件事只会是孩子沉迷网络游戏的小事而已。

事后，妈妈也不懂得给孩子机会，甚至把事情闹大了。所有的亲朋好友都知道了这件事，都愤愤不平地想为妈妈出头，纷纷指责孩子，甚至还有长辈要动手教训孩子，这样，孩子的心里会好过吗？

妈妈的处理方式让孩子打消了回头的念头，让孩子原本有的一点悔悟之心，都转化成了愤怒。

孩子动手打妈妈，绝对是不应该的。妈妈期待孩子认错、用功读书、不再接触网络游戏，这些要求看起来很容易，孩子为什么依然做不到呢？这样的和解机会就因彼此都未准备好而错失了。

他们母子现在都有着一肚子的怨气，逸玲早起准备好早餐就匆匆赶去上班。她不想和孩子碰面，孩子也故意躲开妈妈。等晚上妈妈睡了，孩子才走出房门，把凉了的饭菜端进房里吃。

"你还要忍受多久这样的日子呢？"

逸玲的眼泪流了下来。我还问了逸玲一个问题，谁愿意过这种生活呢？但又是谁让这样的折磨持续的？谁又有能力把她和孩子之间的结解开呢？是孩子吗？如果妈妈没有厘清自己的期待和需求，孩子又有了之前不堪的经历，孩子还敢再贸然亲近妈妈吗？

逸玲的眼泪传达着她的委屈和痛苦，但同情或指责孩子，有何意义呢？我可以直接给予可行的建议，但这是没有用的，一切都必须等待逸玲做好准备。

她必须准备好给自己一个全新的开始，因为家暴并不是不能避免的。过去并不等同于未来，只是如果我们不懂得在过去的经验中学习全新的互动模式，过去的不愉快还是会再发生。

我再一次告知逸玲，学习和男人相处是很重要的。

如果男人脸上写着"我不舒服"，我们可以用温暖的手去试一试男人的情绪指数，但千万不要贸然教导或协助男人处理他的问题，否则，我们就会惹祸上身。要给男人足够的时间和空间，让他们和自己对话，等到他把自己搞定了，我们再和男人接触。

"好，我准备好了。怎么开始第一步呢？"

把决定权交还给孩子

我建议逸玲，先别急着和儿子接触和谈话，先让彼此都有一点心理调适的时间和空间，可以先和孩子约好，三天或一周以后单独谈谈这件事。

对错已经无关紧要，把整件事重新摊开来，让你们见证这段时间彼此受的痛苦和折磨，然后明白没有道理让过去的不愉快经验再度伤害彼此，没有指责或教训，也不期待有什么承诺。

这是一个生命学习的课题，孩子在学习，妈妈也在学习。

"事情已经发生了，我们没办法改变过去，但我们却有足够的能力选择现在。"

过去是什么样的已经不重要，现在是什么样的才是重要的，现在才能决定未来，不要再为过去的是非争辩，"它"已毫无意义和价值。

对孩子的言辞若有不满或难以认同，就轻轻告诉孩子："谢谢你让我知道你的想法和感受。"谈话只有一个重点，就是重新建立愉悦的互动关系。

孩子已经长大，妈妈应该把许多决定权交还给孩子，让孩子学习为自己负责，保持愉悦的心态，享受这种轻松愉快的谈话。

"可是……"

逸玲要讲的是孩子沉迷网络游戏，不肯专注学习，这让她很担心。

但是，如果没有好的亲子互动关系，还谈什么父母的影响力呢？沉迷网络游戏的确是个问题，但和亲子之间水火不容、彼此交恶相比较，还真宁可让孩子继续沉迷网络，所以关键在于让亲子有良好的互动。

逸玲和绝大部分的父母一样，都只会担心和企图管教，没有把决定权和解决问题的权利还给孩子。

一个处在青春期、即将成年的孩子，要学习把自己该做的事做好规划和安排，最重要的是，要提高自己的执行力和行动力。

父母要学习安心和放心，才能让孩子有足够的时间去尝试和规划，孩子会慢慢找到自己的轨道，过上正常的生活。

　　"网络游戏"有什么问题呢？当孩子把该做的事都做好了，生活作息也能有很好的安排，就让他在暑假玩个痛快吧，因为机械式的过关和打打杀杀，孩子不久就会厌烦了。

　　"专注于创造一个愉悦的谈话氛围吧！这是一切美好的开始。"

　　逸玲安心地回家了，能否实现是她的功课。

　　她必须做的是，专注地选择她要的"现在"，才能让她平静和喜悦地享受生活所有的美好。

　　一切的缘遇与发生，都是恩典与礼物。

　　"一切都取决于我现在的选择。"

人生的重建课

关于沟通

过去不可改变，

未来难以确定，

用心投资"此时此刻"的自己。

永远为自己工作，

而不是为了老板、主管，

更不是为了父母和爱人，

或是金钱和名利。

我为我自己，

累积生命的资产。

创造生命的无限可能和机会，

选择最好的自己，

努力地付出和学习。

关于选择：
原来生命可以这样宽广

"人生若不能自己选择要什么，那么至少要在不能选择的环境里，选择一个好心情。"

不知为什么，淳智的话一直回荡在我的脑海。

每个人都有不一样的选择，我们何苦要选择为难自己呢？

和自己重启对话

有一天，我去乡下探望我多年的好友淳智，他五十岁不到就离开公职退休。

大家都劝他撑几年再退休，这样就可以领退休金了，他却回答我们，生病的父母可能等不到他退休。从高中读书就离家的他，想在父母健在时，回家陪父母。

回到自己老家的淳智，过着极简单和朴实的生活。

他种菜、整理果园、养猪喂鸡，比上班时还忙，收入虽不多，但生活过得很充实。

"有没有后悔过，如果你多等一段时间，现在就有退休金啦！"

淳智用他一贯的老庄口吻，回答我们这些访客。

"得就是失，失就是得。没有得，就没有失。没有失去，怎么能体会自己拥有的呢？"

这几年，他留太太和孩子在台北，一个人回到乡下，每天操劳十几个小时，天天都汗流浃背，但他没有后悔过。

在乡间，他和自己有许多对话的机会，他也和树木花草对话，他家养的猪和鸡都听得懂他的话。不像上班时，每个人都关在一个小小的空间里，唯一的伙伴只剩一个屏幕和一个座机。

单纯享受创作的过程

淳智的皮肤晒得又黑又亮，他原来患有糖尿病和高血压，现在这些病通通有了明显的改善。

他告诉我们，为了一份薪水窝在一个小小的空间，想不生病都很难。回到乡下，收入虽然只有过去的一半，但身心的愉悦却比以前多一倍，他要后悔什么呢？

淳智在猪舍旁给自己搭了一间工作室，他把从山上锯下来的木头拿来做成各种朴拙而可爱的作品，随手一抓，毫不吝啬地把作品送给我们。

"你花那么多心思完成的作品，我们怎么好意思带走呢？"

淳智指了指门口一堆他不满意的作品，告诉我们，他只是享受创作的过程，不管是花多少时间做的，煮猪食欠柴火时，也会把它们扔到炉里。

随同前去的朋友，拼命在木头堆里寻宝，嘴里直呼好可惜，这么有趣的东西，可以拿到网上去拍卖，可以赚到很多钱。

"和太太、孩子两地相隔，这样好吗？"

淳智的太太仍在上班，也放不下孩子，所以仍住在台北。

淳智当然希望太太也能回到乡下来，可是假日回来时，她都觉得好累，因为这里有做不完的家务和锄不完的草。而且她要努力美白，她只要到乡下一两天，之前的美白功课就全破功了。淳智哈哈大笑地说着。

淳智本来想等太太退休后，再一起回到乡下，但太太在私人企业，退休遥遥无期，而且人生无常，这十几年会有什么变化，又有谁能预料呢？

淳智带我们去挖他种的地瓜和掰玉米，要我们能拿多少拿多少，吃不完的就分给亲友，保证有机、无农药。

难掩失望的父亲

　　淳智的爸妈十分热情，准备了丰盛的午餐招待我们。我们心想，爸妈有淳智这么孝顺的孩子，他们应该很高兴，但事实却不是这样。他爸爸期待淳智奋发向上、光宗耀祖，他却放弃大好前程，回家种菜。

　　"讲了不听，已经做到科长了，接下来就可以当局长了，却回来照顾我们两个老人，这一辈子还有什么价值呢？我们是过两年就要死的人了。淳智，你让爸爸很失望啊！"

　　原本欢乐的气氛瞬间冻结。

　　淳智的妈妈端菜出来，气呼呼地和先生抬起了杠。

　　"孩子有价值对我们有用吗？生五个孩子，没一个在家的，三个在国外，一个飞来飞去，现在在哪儿都不知道。两个老的，在这乡下死了都没人知道，还好有淳智，真是三代烧了高香了！"

　　"女人家懂什么？"

　　两个老人你一句我一句地斗起嘴来。

　　我和朋友一脸尴尬，也不知该怎么介入，突然，我的朋友拍手大叫。

　　"伯父、伯母，你们最有福气，有光宗耀祖的孩子，也有飞来飞去赚钱的孩子，更重要的是，还有照顾你们的孩子啊！"

大家鼓掌叫好。淳智的爸爸似乎还有一堆怨言，他诉说年轻时拼命让五个孩子读书，就是不想他们没本事，最后沦落到在家务农，因为读书才有翻身的机会。淳智明明有大好前途，却年纪轻轻就辞官回家种田。这讲给谁听，都觉得可惜啊！

"讲了不听，我老啦，随时都要死了，哪值得淳智用前途来陪呢？"

"老了就是老了，叫你别念了，你都说不听！"

两个老人家眼看着又要吵起来。

这顿饭吃得大家百感交集，什么是对，什么又是错呢？

淳智饭后陪我们在树下纳凉。

"淳智，你爸说的也有道理。你是个才子，前途无量，做农夫太可惜了！"

是幸？还是不幸？

淳智长叹了一口气，讲出他从来没有跟别人说过的话，原来他返乡照顾父母其实是个幌子。

他有许多难言之隐。

在公务上，一位器重淳智的老领导，因亲友有事要他帮忙，老领导要淳智尽力协助，于情于理，淳智都应帮忙。可是这件事游走在法律边缘，这个忙后来帮了没事也就算了，但偏偏另外一方的亲友是位民意代表，他一定要找人对这件事负责。

若淳智讲出实情，不但自己脱不了关系，这位老领导也要被迫下台。在权衡得失之下，他一个人扛下所有责任，调离主管职务，但对方仍不肯罢手，他只好以照顾年迈多病的父母为由请辞。

这件事，淳智没有对任何人提过，他自己心里也很不平，但他告诉自己，人生有许多选择，幸与不幸都很难讲。

他离职后不久，就爆出几年前官商勾结的弊案，他的老领导被收押送审，判了十几年刑。如果他没有离职，恐怕也很难脱得了身，所以是福是祸，谁能预料呢？

他提早退休，每个月也有几万元，虽然微薄，但住乡下没什么开销，钱存得比上班时还多。种地养猪，他也有了一些心得，他觉得很有成就感，比当公务员经常要左右为难、胆战心惊好多了。

"我是一介草民，尚请各位官人多多照顾。"

我们虽耳闻这些事，但不同机构，也不了解。淳智的话让气氛都变得严肃了起来，他赶紧使出搞笑的本事。大家转移话题，就聊到了另一半和孩子。

从父亲身上学到的

淳智很感谢太太的谅解，他如果再耗下去，可能很难全身而退，太太也支持他早日退休，避居乡下。

淳智是乡下长大的孩子，从小就很不情愿地离家读书工作，能回来，他是很高兴的。

爸爸的不谅解，他可以理解。一个农夫省吃俭用，将一生的希望都放在孩子身上，在乡下只是一个警员或干事，对他们来说就大到不得了，办事都要看他们的脸色。

淳智升科长时，他的爸爸还大肆请客，所以在地方上，他讲话都很"大声"，因此淳智提早退休，最不谅解的是他的爸爸。

"当了爸爸才了解当爸爸的心情。"

淳智的两个孩子都很优秀，读的是前三志愿的学校，但淳智并不满意，因为他从小都是读第一志愿的高中和大学。

他的孩子没考上第一志愿，他有一次训了一下孩子，没想到孩子好几个月都不跟他讲话。

父母的心态真的很重要，每一次听到爸爸的怨叹，他便有苦难言，多么期待他的父亲能多给他一些支持。由于这样的过往，他开始学着改善自己和孩子的关系。他觉得自己的孩子已经很努力了，所以每次见面，他都会称赞和感谢孩子。

在乡下，孩子读博士和做大官是父母最大的希望，他的哥哥和姐姐很少回老家，也很少打电话回来。他们发展得很好，但都只是上班族，没有可以让爸妈拿来炫耀的漂亮头衔。

其中三个在国外的哥哥姐姐工作都很辛苦，也很不稳定。这点，他的爸爸是很难理解的，但至少孩子在国外，在别人眼里就很不得了了，也不管他们在国外到底是做什么，过什么样的生活。

即使环境无法选择，也要选择一份好心情

"四十几岁和五十几岁的视野真的很不同。"

淳智跟我们分享，他刚回乡下时，不敢到亲友家坐，每天都早出晚归，再不然就是躲到猪舍旁的工作间。

乡下的亲友想法和观念都很率直，尤其是对政治的看法，他们经常受媒体的名嘴左右，很难和他们沟通，平日就是偶尔打打招呼，他也尽量避着他们。

为了垦地种田，他不得不寻求一些必要的协助，多接触后才了解到，乡下知识水平不高的人，也有他们可爱的地方。那是一种很单纯的人际关系，你为对方付出什么，对方一定会加倍还给你。

我们在聊天时，有位邻居端出煮熟的地瓜要请我们吃。

"阿义，你把我的朋友当猪喽！这是养猪的地瓜呀！"

我们没想到淳智那么直，而他的邻居更直。

"台北人吃的比咱们的猪还不如，这是有机的地瓜呢！他们外面人可能吃的还是塑化剂和黑心食品。"

大家不仅没生气，还很开心地分吃他好吃的地瓜。

要离开时，每个人都还有地瓜和一些青菜等伴手礼。

我们开玩笑，要淳智好好当农夫，以后收养我们这些台北来的一群只会吃不会做的猪。

在回程时，几个朋友都有着不同的心情。

我们这一行，大部分人都是公职人员，幸运地有一份安逸的工作，但谁知道这铁饭碗会不会生锈，就算幸运地挨到退休，又该何去何从呢？

淳智或许仕途不顺遂，但他未必比我们差。能陪着父母度过晚年，又能有自己的天和地，吃自己亲手种出来的东西，他应该比我们幸福才是。

"人生若不能自己选择要什么，那么至少要在不能选择的环境里，选择一个好心情。"

不知为什么，淳智的话一直回荡在我的脑海。

每个人都有不一样的选择，我们何苦要选择为难自己呢？

天天都选择一份好心情——不论我们身处何处，有何境遇。

人生的重建课

关于选择

选择最好的自己，

你做到了吗？

如果你不知道最好的自己是什么样的，

也别太在意，

因为大部分的人都不知道。

你想要得到什么，

你就付出什么。

你要什么呢？

如果你也不知道，

那么你至少很清楚你不要的——

没有价值，没有尊重，没有钱，没有希望的未来。

你要付出什么，才会有有价值、有尊严、有钱和有希望的未来呢？

选择你要的，

你就得到了最好的自己。

关于爱情：

祝福伤害过你的人

　　我倒了一大杯温水，希望丽琦能缓一
缓自己的情绪。她没有什么错，也没什么不
该，这个事件最终会成为一个灾难，或成为
一个美好的开始，都在于丽琦自己的选择。

一段悬崖边的爱情

　　"我好难过，我好想死掉算了！"

　　丽琦是我之前辅导过的孩子，有一天她来找我，看到我就眼泪汪汪哭个不停。她失恋了，一个她因偶遇而相爱的男孩，决定和她分手。这个男孩给了她人生新的希望和开始，丽琦为了他重返校园读书，并为他认真考试。

　　原来丽琦高职肄业，她的男朋友大学毕业，是她任职公司的一位工程师。她一直偷偷地注意他，但她不敢有任何奢望，因为对方是公司的专业人员，而丽琦只是这家高科技公司的基层作业员，他是她们作业在线的品管工程师，也算是她的上司。

　　丽琦一直因为自己的学历自卑，只敢远远地、偷偷地注意他，也因为这样，工作上常出错，但他总是很有耐心地替她解决难题。他们在一起工作了两年，却都没有什么私下接触的机会，直到一次员工旅游，丽琦上吐下泻，无法继续行程，他自告奋勇要在医院陪伴她，并送她回家，就这样彼此有了深入接触的机会。但丽琦依旧只是心动，不敢表白。

　　直到有一年的情人节，她收到他送的一束小小的花和一张卡片，他还邀丽琦共进晚餐。丽琦简直不敢相信，两个人就这样成了一对情人。丽琦很小心和谨慎地维系这份感情，她一直认为这是上天赐给她的礼物。她在高职只领到结业证书，而他是公立大学的毕业生，她觉得自己配不上他。

　　交往不久，丽琦偷偷跑去补习，然后参加技术学院的入学考试。她考上了，也很认真地学习，但不知为什么，当他知道丽琦去读书时，非但没有鼓励她，还经常借故和她吵架。丽琦为了爱，付出了她的一切，她不明白他为何越来越疏远她。

　　不久之前，他升任部门的主管，调离了原职，从此像是人间蒸发般失去了音信。丽琦鼓起勇气打探消息，并到他办公室找他，没想到他非常生气地斥责她，认为她不该打听他的消息，也不应该到办公室找他。

爆炸性的消息

　　丽琦很难过，她不明白自己到底做错了什么。她关心他、爱他，这样错了吗？她仍不死心地想等他回来。几个月过去了，他既不接电话，也不回丽琦发的短信。

同部门的同事有一天告诉她，他要结婚了，对象是同一家公司的财务部经理。其实丽琦之前一直都没有让人知道这份恋情，当然婚礼她也不敢参加。她每天下班后都以泪洗面，满脑子浮现的都是关于他的一切。

之前有一次他来生产线视察，看到她就像一般的同事，只是对她点个头，她无法接受他把这段感情当作没发生过一样。当他要结婚的消息一传开，许多关于他的传闻也开始浮出水面，丽琦当然是主角，但不是唯一的主角。他在和丽琦交往的同时，也在和其他女同事交往。工厂的同事戏称她们要组建一个爱情受难协会或地下情妇团，一起为爱情奋斗到底。

丽琦无法忍受这些伤痛和屈辱，便辞掉了工作。原本想借着读书让自己忘记这段伤心的恋情，可是她做不到。她只要一个人独处，就会想起他。

"我该怎么办？"

丽琦哭得很伤心，这段感情真的对她造成了非常大的伤害，丽琦又开始觉得是自己不自量力，以卑微的学历和职位，奢望高攀他。

丽琦长久压抑的情绪令她痛不欲生，她责备自己无端招惹这些麻烦和痛苦。她知道自己的学历和职位不高，爱他可能不会有好结果。但丽琦是这么好的一个孩子，看她这么难过，我下定决心要帮她这个忙。

每一件事，都能往好处想

我倒了一大杯温水，希望丽琦能缓一缓自己的情绪。她没有什么错，也没什么不该，这个事件最终会成为一个灾难，或成为一个美好的开始，都在于丽琦自己的选择。

"这件事往好处想，会怎么样呢？"

一个脚踏几条船的男人，一个玩弄和欺骗别人感情的男人，还好只是过去的男友，还好丽琦没有意外怀孕，若等到结了婚才发现，那才是人生真正的灾难！"你还爱着他，幻想着他突然放弃他的婚姻回来找你吗？"

丽琦流着泪，毫不犹豫地同意我的猜测。她号啕大哭，嚷着只要他愿意再爱她，哪怕一天也好，他要她做什么都可以。只要他再爱她一天，一天就好，她甚至愿意用生命换这一天。

这样的痴情让我的眼泪也忍不住流下来。爱情不是理性的，我相信她的男友也曾经在某些时刻真正爱过丽琦。但这个男人的爱是被性操控的，性的驱力，让男人无法专注他的所爱，这是丽琦难以理解的。和她相爱过的男人，就像风一般地吹过，但当花草仍在摇曳感动的那一刻，风却已经不知去向了，就像没有来过一般，我要怎么让丽琦了解这一切呢？

"已经受伤了，还要让自己失去更多吗？"

　　情爱对男人常常像是攻城略地，只是征服和达成，完成之后，很自然地会把注意力转向其他目标。女人对于情爱则是一生的投注，一旦下了注，明知赌局稳输，也要继续赌下去。

　　我要用理性去引导丽琦思考是很困难的，因为她不回答我的问题，只是哭得更用力、更伤心。

　　"他曾经对你很好，他是你唯一认定的真命天子？"

　　丽琦点点头，她告诉我，他真的很让人着迷，公司有很多女孩暗恋他。丽琦曾经骄傲于自己的幸运，有机会和他亲近，成为他的女友，丽琦也很听话地小心保守着交往的秘密。在那段时间，她每天都期待着下班后的约会，觉得好幸福、好快乐。她也期待着要和他结婚，让全公司的女孩都羡慕她的幸福。

　　"然后呢？"

　　"结婚，和他生一堆孩子。"

　　"然后呢？从此过着幸福美满的生活？"

进入婚姻，学习才开始

　　在我们生活的周遭，经常会听闻轰轰烈烈和感人的爱情故事，但很少听说某对夫妻从此过着神仙般的生活，因为爱情可以随缘和随性，但婚姻却是学习经营和投资的历程。即使丽琦能很美满地进入婚姻，所有的学习，也才刚刚开始。如果一切都很戏剧化，丽琦的男友回心转意，和未婚妻解除婚约，而在同一个日期和丽琦结了婚，但婚后却发现他继续花心，不断有外遇，丽琦会怎么面对呢？

"我会离婚。"

如果有了孩子，怎么办呢？

"我还是会离婚。"

"为什么呢？"

爱情和婚姻是不能分享的，但刚刚丽琦才说愿意为他做任何事呀！

"如果今天你是离了婚来找你的老师，你现在会是什么心情呢？"

丽琦沉默不语，她没想过这样的结局，但这是很可能的。她会更加伤心，这个她曾经爱过的男人，给过她无数承诺和约定的男人，把丽琦的青春和爱情都耗尽了的男人，丽琦会怎么对待他呢？

"真爱无悔？继续成全他？祝福他？还是让他一辈子后悔呢？"

丽琦宁愿选择折磨自己，也不愿让对方一辈子不安和难过。为一个已经不再爱她的男人，折磨自己、毁灭自己？让自己不安和痛苦？她要为一个已经完全不在乎她死活和感受的男人继续付出生命的所有？

"真的？你真的会这么做？"

为一个移情别恋、拥抱着别的女人的男人付出生命的所有？要为一个对自己已经毫无感觉和兴趣的男人去死？

"我没有说我要去死。"

"那你想要对这段已像云烟般消散的爱情付出什么？"

我极力描绘出她的男友和新欢正在肌肤之亲的情景，我只有一个目的，就是让他停留在丽琦脑海里的美好影像受到严重破坏，让丽琦只要想起她的前男友，就想到这个狡诈的男人正在用同样的方式伤害着另一个女人。她会很庆幸接下来的女主角已经换人了。

将伤心转化为生命的动力

"他不会有好下场的。"

我请丽琦只要脑海里再浮现她的前男友，就默默微笑祝福他。这样的男人，唯有祝他的婚姻幸福美满，丽琦的未来才不会有更多的伤害！

"祝福一个伤害过我的人？"

　　"如果你不想让他继续打扰你，如果你不想让自己失去更多的话。"

　　学会让现在的自己好过，比谴责和哀怨更有意义和价值。我们无法改变过去，但我们可以决定现在的自己和未来的自己。

　　我建议丽琦每天一定要做一个小时以上高强度的运动，让自己受伤的身心能因运动而好好修复，运动过后，心才能得到平静，之后再对自己的生活做明确的规划。她因为没有较高的学历而自卑，那么为何不利用这样的动力，好好完成一直都未完成的梦想呢？这也可以让自己的未来有更多的机会和更好的选择啊！

　　这个故事的结局，应该是丽琦从此奋发向上，然后遇到一个真正爱她的男人，从此过着幸福美满的生活。但这不是真正的人生，生命总是充满着无数的选择，丽琦选择什么我并不关心，我关心的是，她是否能在生命的旅途上，时时提醒自己，没有什么是好或坏，一切都只是选择而已。

　　"永远都给自己最好的选择！这种选择就是让自己好过，永远都不要为难自己！"

　　这是我给丽琦的祝福，也是给你的祝福。请记得，永远都要给自己再次选择的机会！

人生的重建课

关于爱情

你可以改变什么呢？

这篇文章给予你什么想法呢？

如果你觉得自己已经够棒、够好，那么恭喜你。

如果觉得自己有太多要改变的，也恭喜你。

这是你自我学习和提升的开始。

最重要的是，学习赏识自己和懂得给自己真正的爱，

并且问问自己，你真正要的是什么。

关于婚姻：
必须长期用心经营

　　婚姻的经营，我们都期待得到很多，但付出却很少。我们的付出少，自然得到的就少。

　　"用'心'投资，否则最后你会穷得只剩下钱。"我提醒育仑。

少了行动力，一切都只是想象

育仑是我之前辅导的孩子，在一次偶然的演讲场合，我们又见面了。他从汽修学徒做起，后来卖二手车，几年来工作一直都很不顺遂。他不明白为什么自己那么努力，却总是离成功那么遥远。

"你要的成功是什么呢？"

他虽然没有自己的房子，但租得起房子，开顾客换下的旧奔驰，也租了一个店面修车兼卖二手车，每月都有十万元左右的收入，虽不算富裕，但也过得去。他告诉我，他的同学和过去一起当学徒的朋友，都比他好上好几倍，住高级社区的房子，开全新的奔驰或宝马，他却还在打工。

"你要的成功是要有自己的房子和高级轿车？"

育仑想要入住当地豪华的社区，那是一坪好几十万元的高级社区，他也想要全新的豪华轿车。他认定的成功居然如此简单。

"拥有这些就算成功了吗？"

"不然呢？"

我现在不是育仑的老师，而是他的朋友。我拿起笔很认真地帮育仑计算，他要一百坪的房子，每坪若要价五十万元，总共需要五千万元，豪华轿车比较容易，只要三百万元就可以拥有。他的工作是每卖一辆二手车可以赚到两万元，修一辆车平均可以赚到一千元的工资，一天若能修三辆车，扣除成本，一个月可以净赚五六万元，但这只够维持他基本的生活，五千万元遥不可及，除非他改变经营模式。

他的客户大部分都是开二手车的中下阶层，要赚到他们的钱很不容易，他们修车、换车，也都是在有限的预算内做考量。育仑想多赚点钱很难，除非育仑扩大服务范围，增加服务项目或调整服务的对象，例如，专门维修高级轿车，专卖二手的高级轿车，并做高级轿车的租赁等，他的收入才有可能增加。

"这我都想过了。"

和他一起做"黑手"（黄牛）的朋友就是这样成功的，但他一直觉得这样做风险太大、太辛苦而作罢，于是这几年他就边做边哀怨，一直都没有太大的改变。

"你一定要成功吗？"

在梦想面前，为自己找出奋斗的理由

育仓一脸洒脱，如同哲学家似的告诉我"钱够用就好，生不带来，死不带去"，有钱的人未必快乐，有钱人也有他们的烦恼。

"所以你是想成功，但不成功也无所谓啰。"

"不然呢？"

他羡慕他的朋友住豪宅、开名车，但他们真的未必有育仓快乐。育仓选择继续羡慕他们，然后自我安慰地过每一天，其实这也没什么不好。只是当朋友的我总希望能帮上一点忙，能够让他的日子过得好一点，不过若他放弃了努力，我也没办法，但至少可以让他闲置的资产——摆在店门口的二手车做出有效的利用。因为许多刚学会开车的人，一般都是先租辆旧车开一开，等开熟了再买车，所以第一辆车通常都是二手车，育仓大可多多利用他闲置在门口待价而沽的二手车。

他原先还有一堆理由，例如，要上保险太麻烦，或车若租给别人开更难卖，但后来他想一想，有许多车子摆了好几年都没卖出去，试一试也无妨。

最周到、完整的服务观念

他找与自己有来往的驾训班合作，把自己的车子租给刚拿到驾照的新手。他熟悉车子的维修，依据新手开车的需求，把车子调整到不会熄火和抛锚，没想到许多年轻人租了几次就想要买车，而且一旦知道车价和摩托车差不多，没多考虑就会购买。在保修期间，车子会回育仓的店保养维修，他的维修厂生意自然又增加了。等我再去看他时，他已扩大了店面和维修厂，满脸笑容地谢我。

"老师一语点醒梦中人。"

育仓这几年来都没有什么大的进展，所以，也没什么动力发展他的事业，越做越小几乎无法维持，没想到他还能跨出这一步。等新手拿到驾照，买他的车，他赚到了差价，接下来又赚到保养维修费用，过一两年，当他们想换好一点的车，又把旧车卖给他，他又赚一笔。育仓得意扬扬地讲述自己的近况。

"可惜你少赚了一笔。"

新手二度换车，通常都是买不是很贵的新车，中低价位的新车和中价位的二手车非常受这群人的欢迎，育仓却没有这种价位的车，导致服务中止。客人既然已经进门，有什么理由让服务多年的顾客就这样一去不复返呢？

"不然呢？"

"顾客一进门，就要考虑好他这一生用车的所有需求，你给他最周到的服务，他们就把一生用车的钱奉献给你！"

将要做的服务系统考虑，用周全的设计，满足人的需求，钱自然就会流进来。

育仓果然改变了他之前的想法，几经考量，他选择做小厂牌的新车销售和维修，把心力放在各阶层的二手车贩售和维修上。

他锁定的第一层客群，是第一次拿到驾照买二手车的新人，每辆车的价位都在五六万元至十万元。第二层的客群是二度换车的年轻人，他以中价位的二手车为主，锁定价位在十几万元到三十万元。第三层的客群是三度换车，以三四十岁的上班族为主，他们已成家，有孩子，车子开出去是要有面子的，锁定月收入三万元至五万元，觉得买新车负担太重的客群。第四层是四十岁以上，有闲钱但又不想花大钱买豪华新车的稳定上班族或主管。

育仓分析他们的预算和需求，提出购车一次、终生服务的保证。

几年后，育仓的服务范围不断扩大，已有多家连锁店和加盟体系。

有一天，他打电话说要请我吃饭，因为他要搬新家，我当然欣然接受。

育仑成功了！

他很不好意思地告诉我，房子是贷款买的。酒席摆了几十桌，听说有许多都是他多年来的客户兼好友。

"你成功的秘诀是什么呢？"

他开玩笑地说："要听老师的话，勇于追求和实现梦想。"

创造属于自己的成功

育仑因席间要招待客人，他希望我能再给他个机会，和我聊一聊。育仑每次和我聊天都有很多的成长和改变，他希望自己能更成功。

"老师是我的贵人，如果不是你，我现在还停留在为租金和生活费挣扎的日子里。"

的确如此，我现在看到的育仑的模样，和他几年前有着一百八十度的改变。钱不是衡量成功的唯一标准，但每天都被金钱所困扰的人，绝对不会是一个成功的人。要把金钱看得很重要，认真把该赚的钱搞定，才有空间和时间去想别的事！

"这阵子，我一直在问自己：'我成功了吗？'"

育仑没有在成功的路上迷失自己是很难得的。成功没有一定的定义，在想要成功之前，必须真的了解自己的期待。育仑已婚，有两个孩子，每天除了工作，他很少想到他的另一半和孩子，最近工作比较稳定，他开始检视自己，卖命赚钱、拥有豪宅和名车、参与一些名流的社团、有着集团总裁的头衔，他这样算成功了吗？

"育仑，你期待自己这一生要怎么过呢？"

"育仑，赚钱是很容易的事，规划对了，钱自然就会进来，你已经做到了。人生也一样，你清楚自己的期待，有明确的规划，幸福自然会降临。"

"你要什么？什么是你这一生一定要拥有的呢？"

"足够使用的钱？要多少才能让你安心呢？"

"除了钱，你还要什么呢？"

育仑没有回答，只是苦笑了一会儿。

"幸福的婚姻和美满的家庭？"

他的表情有着一丝不屑，似乎在告诉我，这谁不知道。

你怎么看待别人，别人就会怎么看待你

"育仓，你拥有幸福的婚姻和美满的家庭吗？"

育仓这十几年来一直都在忙着工作，而他在工作上不乏一些喜欢涉足风月场所的酒肉朋友，他自然也染上了这些习性。

婚姻像是一场戏，他努力赚钱，让另一半和孩子有安全和稳定的家，他觉得自己的义务已经尽到了，他在外面不过是逢场作戏，何况他周遭的朋友哪一个不是这样。

"女人就像鞋子，穿旧了就要换。"

"育仓，这是你真正的想法吗？"

人性是很微妙的，你怎么看待别人，别人就会怎么看待你。如果这是育仓的想法，那他的太太对待他，大概也只是把他当作提款机，彼此间不会有什么感情。

"你付出什么，就会得到什么。"

育仓把另一半当成一般的女人，那他的另一半又会把他当成什么呢？如果他把女人当成性的工具，那他在另一半的心目中又会是什么呢？是用旧了就换吗？这一点，育仓实在令人担心。

"开玩笑的。"

育仓大概察觉到我的表情不对，赶紧修正他的说法。

"人穷的时候，家里什么问题也没有，一有钱，反而看到家里各种各样的问题。我家那个女人很好搞定。"

如果育仑只把另一半当成女人，当然，他能很好地搞定她，但另一半不只是女人而已，她是我们生命中最重要的伴侣和朋友，只有用心经营和投资，我们才可能得到想要的幸福。但育仑似乎没有这样的想法，就像他经营自己的维修厂，也从未想要好好经营和发展，结果就只是怨声载道，日子难过。

经营家庭，必须长期用心付出

"生命是种投资，你付出多少，就会得到多少。"

"投资？我也有啊！不算给太太的生活费，我每个月给她的零用钱也有好几万元。"

育仑是个生意人，他的脑袋里只有钱。他只付出钱，得到的当然是和钱有关的报酬，但他要的幸福却不是钱，而是另一半的真心相待。

"对你而言，怎样的婚姻，才算幸福呢？"

育仑的描述很显然受到了他原生家庭的影响，他觉得女人除了要把家务做好、把孩子管教好之外，更重要的是，男人一回到家，就要温柔体贴地对待他。

　　看来，他还是把另一半和他在外面饮酒作乐、逢场作戏得到的"服务"混为一谈。在外面，他可以花钱买到别人对他的服务，但在家里，他要付出关心和用心，才可能得到他要的。

　　"我有啊！母亲节和结婚纪念日，我都会有表示哦！"

　　一年三百六十五天，只有这几天才注意到另一半。我相信育仑的另一半，也是蜻蜓点水地给他好脸色。婚姻的经营，我们都期待得到很多，但付出却很少。我们的付出少，自然得到的就少。

　　"用'心'投资，否则最后你会穷得只剩下钱。"我提醒育仑。

男人很怕被"管"和"教"

　　用心就是把家和另一半都当成最重要的一切，每天都很认真地存入一份爱的存款。存够了，你自然就会有收获。

　　"我知道。"

　　育仑和其他男人一样，都很怕被管教。我也知道，所以即使我是他的老师，也要懂得适可而止。

"你要什么，就付出什么；你付出什么，就会得到什么。就像你经营事业，你改变了你的态度，就会有不同的结果！"

育仓已经快四十岁了，应该要有自己的人生方向。赚钱是比较容易的，他只要了解市场的需求，做好服务系统，顾客自然会给他服务的机会。但经营家庭可不是这样，他必须很用心地长期投资和付出，和家人建立良好的信赖和互动模式，才可以得到家人的真心相待。

他委婉地表示，我讲得太多了，毕竟这是他的人生，他有权选择自己要的一切。

"你要想得到婚姻的幸福，你就要先知道你期待的幸福是什么。"

我要离开时，还是不放心地多说了两句，我只有一个小小的愿望，希望育仓能得到真正的成功和幸福。

人生的重建课

关于婚姻

你真正要的是什么，

没有人会了解和知道，

我们对自己都是陌生的。

因为知道自己的陌生，

我们才能开始了解自己。

我们不知道自己真正要的是什么，

但一定知道，

什么是我们一定不要的，

例如贫穷、厄运、病痛、失败、没尊严、没价值、没

地位……

其实我们是了解自己的，不是吗？

财富、声望和地位，

一定比不上爱和希望、健康和朋友。

你真正要的是什么，

如果还是不清楚，

就问问上述哪些是你可以不要的。

多问自己几次，

你一定会越来越了解自己。

关于自我：
探索自我，是我们这一生都要做的功课

从谈话中，杰雄似乎找到了替罪羊——都是他父母的错。

三十岁之前，他这么抱怨，我从未纠正过他，但他现在已经三十岁了，该为自己的一切负责。

感恩找你麻烦的人

　　杰雄是我辅导过的一个孩子，虽然辅导结束了，但他总会不定期地来找我聊一聊，我们之间有着深厚的情谊。

　　这几年来，一直困扰着他的是人际互动关系。他是个认真勤奋的年轻人，但他总是遇到找他麻烦的老板和主管，同事对他好像也不怎么友善。我曾经分享许多经验给他，但他都不觉得自己有什么需要改进的，最近他又和我提到他不顺遂的人际互动经历。

　　"我真的搞不懂我们的主管，他不知道为什么竟然重视浑水摸鱼的人，却不给绩效好的人机会。"

　　杰雄很认真，很想要成功。他到一家科技公司担任业务人员，不到几年，他的业绩就已是全区最好的一个。最近公司要升一位主任，他却没有获得升迁，反而是业绩不佳的同事升任，这令他愤愤不平，这也是他常换工作的原因。

　　"你很想要这个主任的职位？"

杰雄看了我一眼，没有立即回答我。或许是觉得我明知故问，有谁不愿意升级，好及早卡位呢？

"杰雄，这个主任的位置有什么优点和缺点呢？"

优点当然是薪水增加、职位提升、增加历练机会，可以早点为下一步做准备。缺点呢？杰雄觉得自己的长项是做业务，这个主任管的是物流，只是监督每个标准作业流程，对他而言，他会觉得很无聊。

这个公司主要的部门，一是生产，二是业务。生产部门管理的是质量和数量，但没有销售业绩，所有的努力都是看不见的。聪明的老板会把一流的人才留在业务部门，把二流的人才放到生产和物流部门。

我相信公司是看重杰雄的业务能力，想要好好在业务部门栽培他，所以他有什么理由因为这样而感到气愤呢？

"可是我们老板和主管都很爱找我的麻烦，同样的工作流程，我的同事很少被纠正，只有我每天都被叮得满头包。"

如果我是主管，知道这个人未来要接自己的位置，要成为自己重要的干部，通常要求都会比较严格。主管会要求杰雄是看重他的能力，这应该是好事，杰雄有什么好抱怨的？反而应该要感恩和珍惜主管的这份看重才是。

"老师，你不知道他都是当场找我麻烦，让我难堪。"

这更应感恩。主管把杰雄当成自己人，只有对信任的人，才会如此要求，因为要让其他人无话可说。杰雄应该高兴，主管把他当成亲信般重视。

"才不是这样呢！有好处他都给别人，我只能做些吃力不讨好的事。"

职场上的"提早准备"

"路遥知马力，日久见人心"，杰雄是要赢得一时，还是要赢得一世呢？一个有雄才大略的人，一定要忍住眼前的不顺遂，继续坚持和努力。没有人能忽视一个在逆境中奋发向上、力争上游的人。

"学会赏识你的主管，感恩你的同事和顾客，因为有他们，你才有机会提高你的能力。"

"我的主管是个猪头，什么都不懂。"

也许是这样，但他至少做对了一件事，就是用了杰雄这么好的人才。

一个人如果是当了主管才学习如何当一位主管，那么这位主管一定会被骂猪头。为什么不利用自己还不是主管的时候，就好好准备和学习怎么做一个管理者呢？赏识你的主管的优势能力，用心检视主管的任何缺失。你可以在心里练习，如果我是主管，这样的处境和事件，我要怎么做才会让大家心服口服呢？

"带人是一件很不容易的事。"杰雄似有所悟地告诉我。

"带人要带心。"

这是一句众人皆知的话，但要让人心服口服一时已经很不容易了，要别人始终信服，更是难上加难。

"杰雄，怎样的主管会让你心服口服？"

"要公正无私，要身先士卒，要体恤部属，要为部属争取最大的福利，要……"

"当一个主管要如此牺牲奉献，那他可以得到什么呢？"

"可以得到部属的心服口服。"

我问杰雄愿意当这样的主管吗？

"每个人都只是图一口饭、一份薪水，何必这样牺牲自己呢？苦干实干的人，最后还不是会被撤职查办。"

杰雄在职场上闯荡多年，他有感而发的话，许多时候也的确是事实。

谅解他人，让自己心里好受

没有人愿意全心全意去把主管或老板的角色演好，因为实在太辛苦了。身为一个员工和部属呢？如果有一天他们能了解到，哪一天当自己是主管或老板时，也会有许多自己做不到的事情，那么，也许他们就会有比较多的谅解，也会让自己好过些。

"没有理由拿自己都做不到的事，去要求别人一定要做到。"

杰雄似乎懂得我的意思，他很尴尬地微笑着。但不知何故，我们总是会用高标准要求别人，尤其是我们的父母、上司，我们也习惯用高标准要求我们的下属和子女。

杰雄和父母的关系一直都不好。他结婚之后，也因为无法和另一半和谐相处而离婚。他和上司的关系也不好，而在前一家公司，他当时是主管，也未能和部属和谐相处。在彼此僵持的情况下，他的上司竟选择留下他的部属，要他离开。

"老师，我错了吗？"

没有什么对或错，人的个性会影响一个人的命运。杰雄父母的关系一直都很不好，他从小看到的就是父母的吵闹。

杰雄的父母只要遇到事情，就会先指责对方，把责任推给对方，若对方反驳，就用更大声和更粗暴的方式回应。表面上的输家大部分是妈妈，因为他的爸爸常常气不过或词穷就动手打人，但他的妈妈也会不甘示弱，给予还击。

杰雄这几年经历了那么多的考验，他的心里也有着很深的体悟，这不是他要的人生，但他要什么呢？他又该如何得到呢？

三十岁，该为自己的人生负责

"我很倒霉，为什么我有这样的父母和家庭呢？"

从谈话中，杰雄似乎找到了替罪羊——都是他父母的错。三十岁之前，他这么抱怨，我从未纠正过他，但他现在已经三十岁了，该为自己的一切负责。他有权利也有能力选择自己的人生。

"你要什么呢？你希望自己是什么样的人？在和别人的互动中，你希望自己怎么样呢？"

这些问题我之前都问过杰雄，他没有给出明确的答案，现在我再次把问题抛给他，希望他能找到自己期待的人生方向。

"我希望自己是个救世主，有能力帮助别人，解除所有的痛苦。"

"救世主？"

许多人都对自己有着"救世主"一般的期待，他们觉得自己要解救和改变世界，于是在夫妻关系中，他们倾向于主导另一半，因为他们希望另一半是幸福和快乐的，而主导的方式是：另一半必须臣服于他们的意志。在亲子互动上也是如此，他们企图把孩子当成自己生命的一部分。

在职场上，我们也常遇到掌控型的主管或老板，他们要掌控所有，但又期待属下能尽己所能地发挥所长。他们喜欢顺服和忠诚于自己的人，但他们本身又是难顺服的人，即使是过去的皇帝或君王，也难找到完全忠心和顺服的臣子，更何况是现在呢？我们的内在都有一种想要解救和援助别人的渴望，都有一个改变世界的理想，但我们却都不想改变自己。

"既然你要当救世主，那你要什么呢？"

只做自己，不需要赢过别人

给全世界恩典，然后，希望这个世界都臣服于你吗？还是要赢得全世界的尊敬呢？但全世界又有多大呢？全世界其实是很小的，只是我们每天接触的人。除了工作，就是家庭，每一天，甚至这一生，我们能见闻和接触的人、事、物，还真的很有限，所以我们的全世界其实是很小的。而我们不会在乎自己不认识和遥不可及的世界，我们只需要把自己照顾好，让自己的每一天都有一颗平静欢喜的心，并且用珍惜、感恩的心态去面对世界，所以我们何必要全世界呢？因为生命其实可以很简单，我们吃饱了就不会再有食欲，性欲宣泄了就不会再有纷扰，期待达成的目标一旦完成了，我们就不会再有向往，心自然也就平静了。

"什么是你真正想要过的生活呢？什么是你期待的生命旅程呢？"

救世主是个幻想，也是个错觉。我们从历史中可知，即使是征服大半个世界的帝王，也并未如自己所愿地欣喜若狂，顶多只是得到片刻的宁静，让心短暂安定。无论占有多少，我们的心都不会满足。只有知道自己真正想要得到的，我们才可能有真正的快乐。

"杰雄，你要争做'豪杰'和'英雄'吗？你已经拥有和达成了，不是吗？"

为什么一个人一定要登上世界第一高峰，才能明白他不需要征服，也不需要挑战呢？我们何时才可以明白自己不需要赢过别人，我们只需要搞定自己？

"老师，这你讲过了。懂得自己的人，才能真正懂得世界。"

我的确讲过，而我自己也仍在探索自我，这是每个人一生都要做的功课。因为我们对自己的了解都是片刻的，我们必须让生命的每一个片刻都是清楚和明白的，只有这样，才能过真正平静和欢喜的生活。

"什么是'真正'的平静和欢喜呢？"

挫折，让生命更精彩

杰雄这时才很认真地思考。我们每个人都期待"真"，拒绝"假"，不过什么是真正的平静和欢喜呢？我也不知道，但我了解，我们头脑里生出来的各种想法，是我们纷扰的来源。生命的经历是很重要的，我们的经历越丰富，我们就会有越多了解。

我要让杰雄明白的，不是放弃努力，而是在努力的过程中，不需要太在意得或失，因为任何经历都会让我们的生命精彩和丰富。

"勇于追求梦想，更要勇于付出和努力。"

在坚持和努力的历程中，我们会越接近真正的自我。放弃努力或拒绝、排斥现实，把自己封闭的人，生命会越来越贫乏。

"努力去做就对了。"

杰雄似乎很满意我和他的这次对话，所以他给了自己这样一个结语。

"就是聊聊天，分享一些不同的感受和想法而已。"

继续你的旅程吧，作为一个老师和朋友，我祝福杰雄每一天都过得充实和充满恩典。

人生的重建课

关于自我

我们很努力，却少有人知道努力是要得到什么。

停下脚步，用心思考，

什么是我真正想要的呢？

选择自己最好的目标，专注在自己要的一切上，

你会发现生命可以有一种单纯的喜乐，

你不会再焦虑和恐慌。

关于决心：
真正的胜利，是全力以赴

　　"真正胜利的人，不是在比赛中得到冠军的人，而是全力以赴的人。你看看运动场上拿金牌的选手，他的人生一定是最美好的吗？未拿到奖牌的选手，难道一生就注定黑暗和痛苦吗？

　　"决定一切的，并不是比赛结果，而是你如何看待这个结果。"

比录取还丰厚的人生礼物

　　唯铭是我到台湾科技大学（简称"台科大"）演讲时认识的一个朋友，从小他就没有出色的表现，但他力争上游，在读高职时，以技能比赛优异的表现考进了台科大。他在台科大各方面表现平平，但他很努力。他听了我的演讲，受到了很大的激励，决定给自己一个明确的目标，他告诉自己一定要考上台湾大学的研究所。他真的很努力地准备了一年多，但不幸的是，他落榜了，而且连备取的资格都没有。

　　他写信告诉我，他伤心了一整天，一个人坐在河滨公园哭。他很难过，他这么努力，为什么上天没有看见呢？为什么他这么上进的人，上天不给他一条路走呢？

　　"这一切都会是上帝最好的安排，他要给你的恩典和礼物，其实比考上还要丰厚。"

　　"我只是个失败者、输家。"

　　"真正胜利的人，不是在比赛中得到冠军的人，而是全力以赴的人。你看看运动场上拿金牌的选手，他的人生一定是最美好的吗？未拿到奖牌的选手，难道一生就注定黑暗和痛苦吗？

"决定一切的，并不是比赛结果，而是你如何看待这个结果。"

唯铭对我所说的，不知如何反驳，但他决定让自己留在失败的痛苦里。他不再努力，也没有另寻出路，而是选择自我放逐。

服兵役时，他也很不甘心，眼看着同学从研究所毕业了，在职场上也有很好的表现，他很沮丧地再来找我。那时的他已经失去了人生的方向，对自己毫无信心，没有向前的动力。

"我不知道自己该怎么办。"

"你可以选择继续做三年前没考上研究所的失败者，也可以给自己一个全新的开始。你的选择会决定未来得到什么。你要什么呢，唯铭？"

"我不要失败，我不要失望，我不要被人看不起。"

"唯铭，你究竟要什么呢？"

妥善处理心里的不甘

没有人会选择失败，也没有人会选择贫穷和痛苦，但就是有许多人，因为一次失败，从此放弃了努力，把自己美好的未来都给毁了。唯铭也不想这样，但他就是没有动力，提不起劲儿。

"你想把自己毁了，好向上天抗议，没有给你应得的奖赏是吗？"

唯铭的确努力过，就像在田里认真播种和耕耘的人，一直期待着农作物的收成，可是秋天到了，周围的农田都有收成，唯铭却什么都没有。

"所有的努力都白费了，我不甘心。"

没有得到如期的收获，原因有很多，可能是种子选得不对，耕地不合适，或耕作的经验不足，甚至可能是在关键的时刻，没有做对的事，因此没有收获。但没有收获，并不是一无所有，至少我们的努力也给了自己难得的经验，不是吗？成功除了靠努力，最重要的还要有知识和经验。我们的努力已经累积了难得的经验，我们还有什么理由让自己的田地继续荒芜下去呢？

"唯铭，给我一个理由，像你这么棒的人，为什么要毁掉自己呢？"

"我没有。"

这三年来，唯铭一直在为没考上研究所而悔恨。考上研究所真的有那么重要吗？如果考上真的有那么重要，那么唯铭这三年来没有继续努力，不就是在毁掉自己的人生吗？

"我不知道该怎么办。"

"你要什么呢？你想要什么样的未来呢，唯铭？"

"我想要成功。"

把焦点放在想要的未来，而不是失败的过去

唯铭一直都在成功的路上，只是他把脸朝向了黑暗。

我试着根据他的成长历程分析。他从小就不是一个亮眼的学生，不曾名列前茅，也未担任重要班干部，更没有什么出色的才艺，不过他却在读高职时有着杰出的表现。

"唯铭，你是怎么办到的？为什么你之前能够过关斩将，赢得最后胜利呢？"

唯铭在读高职时，他的成绩不如别人，但他靠着勤奋和努

力，每天重复练习，连假日也不休息，这就是他拿到技艺竞赛冠军的秘诀。

"唯铭，你的人生只要赢这一次吗？就像许多选手赢得了冠军，却从此失去了努力的目标和动力一样？即使全世界的人都赢不过你，但这世界上最大的竞争对手并不是别人，而是你自己。一个永远向自己挑战的人，才有可能赢得真正的胜利。唯铭，把焦点放在你要的未来，而不是失败的过去。"

"我没有信心和动力，我害怕会跟上次一样，努力了，最后却什么都没有。"

我要唯铭回想当初是怎样考进台科大的。台科大是台湾省最好的科技大学，有那么多的竞争者，录取的机会是那么渺小，而他是怎么做到的呢？

"全力以赴，坚持到底。"

"如果你还想要成功，要怎样才有机会呢？"

"全力以赴，坚持到底，永不放弃。"

这是所有成功者的共同特质，和失败者只有一线之隔。成功者永不放弃，坚持到底，失败者则是放弃努力。

"唯铭，你要什么呢？"

"我要成功。"

以过去的成功经验激励自己

唯铭已经有了答案，我让他在未来的努力过程中，经常用过去成功的经验激励自己。过去可以做到的，对现在的唯铭来说，当然要做得比以前更棒、更好。

"最重要的是，要有明确的目标。唯铭，你要什么呢？你要把自己的人生带向哪里呢？"

没有明确目标的人，即使已经抵达终点了，也仍旧埋头盲冲。设定明确的目标时，一定要有完成的时间，更重要的是，要清楚自己完成目标的理由和动机，要说服自己，不是"想要"，而是"一定要"。

"我没有动力。"

"没有决心的人，怎么可能会有动力呢？"

唯铭只是想要成功，但他并不是"一定要"。这个世界上，成功的人很稀少，因为大部分的人都没有下定决心去做一件事，都害怕失败，害怕去付出和努力。

"享受人生难得的努力目标。"

一个人的信心来自成功的经历，完成伟大目标的过程是由一个接着一个的小目标累积起来的，成功的巨作是由无数细微的小目标所组成的。如果我们有明确的目标和计划，我们就有一张建构的蓝图，只要照图施工，一步接着一步地努力，再困难、再巨大的目标，都有完成的一天。

这些道理谁不知道呢？但做到的人却很少。一个人的执行力和行动力决定一个人的成就，要成功就要忍受眼前付出的辛苦和各种与目标无关的诱惑。

"决心、毅力、勇气。"

"唉，知道是很容易，做到却是很难。"

我看着眼前的唯铭，想起我辅导过的吸毒累犯，他们都想戒毒，但他们一生都在戒，因为戒了又吸，吸了又戒。永远失败的人，本质都是一样，会生活得很辛苦，一而再再而三地陷于失败。

"唯铭，一切都是你的选择。我只能告诉你这些，未来的一切取决于你今天的付出和努力。"

从这一刻开始，停止抱怨和哀伤

我还能帮上唯铭什么忙呢？即使他是我的孩子，这也是我所能给他的全部。生命是他自己的，我不能帮他做任何选择和决定，就像我不能帮他吃饭。我不明白像他这么有潜力的人，为什么不多给自己一次机会呢？就像许多人听了我的演讲，都感动万分，但那又有什么意义呢？如果不给自己一个机会去选择成功，我能帮上什么忙呢？

唯铭已经让自己停滞三年，他当然也可以继续这样，但十年、二十年之后呢？每一次听到有人抱怨自己怀才不遇，未能有好的表现和成就时，我都有一种感伤，在这个世界上，你选择和付出什么，就得到什么，这其实是很简单的道理。抱怨有何用呢？哀伤又有何用呢？

"唯铭，你可以决定未来的一切。

"一切都是你自己的选择，我只能祝福你。"

唯铭当时并没有给我任何承诺，几个月后我再度收到他的来信，他希望再与我见面，因为他的生活陷入了更大的困境。

他上次和我谈话之后，就为自己做了一个重大的决定，他再次辞掉工作，全心全意地准备研究所考试。这次他虽未考上台大，但考上了一所公立大学的研究所。然而他连一学期的课都没上完，因为他觉得读研究所拿学位，对现在的他而言是一种生命的浪费。他再度陷入了抉择的困境，他不知道自己该做什么选择。

"没有什么对或错，一切都只是选择，你选择什么，付出什么，你就会得到什么。"

唯铭有许多抱怨，他觉得教授很不用心，学校课程的安排很烂，一起学习的研究生都在混日子。

了解自己做决定的动机

我有些不明白，唯铭为什么一定要读研究所？

"我哥哥和姐姐读了研究所，我爸妈觉得大学文凭没什么用。"

唯铭已经是二十六七岁的成年人，我不明白他的决定，只是因为在意哥哥姐姐和爸妈的想法吗？我思考着该怎么帮助唯铭或者我是否需要帮他。一个遇到问题不懂得去思考，只希望从别人身上得到答案的人，我的协助是否只会让他更幼龄化和延缓成熟呢？

"我的问题，还是和以前一样，唯铭你要什么呢？"

一个将近三十岁的男人，仍在摸索未来的方向和定位，我之前给他的协助，似乎都未使上力。

我认为研究所如果不适合他，那么他可以试着休学，去做自己想做或认为有意义和有价值的事，但唯铭的学历是高职，他的学业成就一直不如哥哥姐姐，如果研究所的硕士学位对唯铭的人生是重要的，那么他就该认真地去完成，为什么还有那么多的抱怨呢？

他自我的实现，又与学校、教授、同学有什么关系呢？或者唯铭并不是那么想拿学位，那他真正想要的又是什么呢？

"我就是不知道才来找你的！"

我和唯铭虽然只见过两次面，但我们有过多次通信。也许我和唯铭的互动并不深入，当然，我不能期待这样的协助，就可以帮他找到方向和答案。可是他才二十六七岁，我在他这个年龄，大学都还未读完，回顾我的生命，我当时真的了解自己的方向和未来吗？

那时我确实很努力，但我不知道自己的未来在哪里。比较幸运的是，我在毕业后就有一份工作，我因此少了许多选择的空间，同时也少了许多迷惘，我甚至用心地准备任职的特考。

唯铭呢？他来找我，似乎想让我知道他不想再读研究所，但他已经努力了那么久，又不想轻言放弃。

"选择有无限的可能，除了'要'，就一定是'不要'吗？"

没有什么一定是对或错的选择。

我提供了许多选项，例如至少读完这学期再办休学，等自己准备好了，再决定要继续还是放弃；或是找份工作，让自己有多元的生活和学习。

没有什么是绝对的正确或好的选择，有些时候没有选择，反而是最好的选择，因为可以用最大的付出和努力把眼前的事做到最好。

所有的决定，都是唯铭自己的选择，我希望他能学习做一个有决断力的人，而只要是经由自己选择的一切，就应有全力以赴、使命必达的决心。

没有人会是失败者，只要我们继续付出和努力，我们的任何选择，都会是未来的资产。

我没有建议和答案给唯铭，只有我的祝福。加油，不论做什么样的选择，都要全力以赴，坚持到底。

人生的重建课

关于决心

没有人是失败者，

当你的脸面向阳光，你就会看到希望。

失败的不是事件，而是你没有积极、正向的想法。

任何失败都是成功的一部分。

只要你坚定目标，继续努力，

失败会成为你生命中最重要的资产。

关于疗愈:
疗愈亲人离去的伤痛

　　看到母亲每天以泪洗面,我只能暗自垂泪,但我清楚地知道,人生是有选择的。沉溺于悲痛是种选择,从悲痛中找到希望和力量,也是种选择。

　　我试着疗愈自己,也让我母亲用正向、积极的态度看待父亲的离去。

生命里的剧痛

　　佳铃是我一位朋友的姐姐，佳铃的先生在一次意外中去世，她伤心了几个月都无法恢复正常的生活，我去探望她，希望能为她做点什么。

　　"我无法相信建宏已经走了，他一定会回来的！

　　"建宏不可能抛下我们母子，他一定还活着！

　　"建宏是个好先生、好爸爸。"

　　大概有太多人来安慰过她，我们才刚坐下，她就喃喃自语。几个月来，佳铃都没上床睡觉，她一直坐在客厅里等先生回来。她面容憔悴，任谁看了都不忍心。我究竟应该怎么做才能让她好过一点呢？

　　"建宏并没有死，他只是奉命去远地出差，所以没有办法打电话回家。"

　　佳铃听了我的话，睁大了眼睛，瞪着我。

　　她的眼眶里闪着泪光，透着急切的渴望。随同前去的朋友一直暗示我别再乱说话。

"建宏真的没死？他人在哪里？"

佳铃像是抓狂般拉着我的手。我很真诚地告诉佳铃，建宏没有死，他只是被派到一个很远的国家，因为他负有重要的秘密任务，所以不可以和家人联络。等时机成熟了，他会接她和孩子过去会面，但他要佳铃耐心等候，要把自己和孩子照顾好，等他的消息。

"你什么时候见到建宏的？"

"几个月前，他要出发时，我和他见过面。他告诉我，这件事要保密，也很重要，所以要你很冷静和耐心地等他消息。"

"你骗人！为什么所有的人都说建宏出了意外死了呢？"

"你要相信什么呢？"

开启心灵的对话

佳铃大声地哭嚷着，建宏一定是死了，否则前一天他离家时，一定会告诉她。如果他没有死，为什么不给她打一通电话呢？他一定是死了，不会回来了。

"你相信建宏死了？我是他的好朋友，我从不这样想。他还活着，只是去了一个很远的地方。"

我只要想起建宏，我就祝福他，希望他在远方的国度里健康、平安。我学过一种心灵沟通的技巧，不是靠电话，而是靠心灵进行对话。

我问佳铃想不想和建宏讲讲话，佳铃还没等我把话讲完，就抢着说她要和建宏见面和讲话。

我要同去的朋友保持绝对的安静，并一起默祷。我要佳铃全身放松，和我一起盘坐在地板上，我要她无论发生什么事都不可以睁开眼睛。为了慎重起见，我拿了一副眼罩让佳铃戴上。

我放着轻柔的宗教音乐，要佳铃从手脚四肢感觉到自己的放松，并从头顶到脚趾逐一检视自己是否已经完全放松了。我要佳铃慢慢感觉头顶前方会有一道微弱的光，并且开始慢慢增强，最后这道温暖而舒服的光会笼罩她的全身，让她整个人变得舒畅。

这种舒服的感觉具有一种神奇的力量，会让她感觉自己整个身体都被提了起来，让她觉得轻盈而愉悦。

当佳铃像是在空间飘起来时，她就可以去任何想要去的地方。

"佳铃，你要去哪里、做什么事呢？"

"我要去找我的先生，我要和他说话。"

佳铃的情绪有点小小的波动，我要她完完全全相信自己看到的和听到的，并保持专注，一定不能分心，因为这是一趟心灵的高速旅行。如果分心，会伤害到她自己和建宏，我要她看着头顶的光，它会从上到下洒落一道光廊，她可以放松地让自己跟着光廊往前飘移，速度会越来越快，她一定要很专心地跟着那道光前进，不可以让自己的思绪被打扰到。

速度会越来越快，快到四周的景物全都模糊成一道光影。我要她保持专注和信心，光廊会慢慢平缓，佳铃会重新看到周遭的景物。我要她告诉我，她到了什么样的神奇地方。

"好安静，没有任何声音。远处好像有念佛声，好明亮，很难形容，有一种光鲜的感觉，树木好翠绿，天空好洁净，草地好清爽。好舒适、好美妙。"

盈满泪水的旅程

我要佳铃慢慢移动，把看到、听到、感觉到的全说给我听。

我要她在一个喜欢的地方坐下来，等建宏来找她。我要她坐在那个让她觉得舒适无比的地方，闭起眼睛，享受那种人间难得的经历、那种人生最美好的一刻。她用一种完全放松的喜悦状态等待着她心爱的先生。

专注着身、心、灵合一的愉悦，只是等待，什么事都不要做，什么想法都要排除，只是等待、等待。

在等待的过程里，佳铃描述着奇妙的感觉。她的四周出现了像彩虹又不是彩虹，像晚霞又不是晚霞的东西，有点像她见过的北极光，好美、好美。

她的耳朵里充满了一种平静和柔美的乐声，眼前有一个模糊的身影从远处走来，他穿着华丽的衣服，像个印度王子，那是一个很帅的年轻人，很像年轻时的建宏。

他越走越近，越走越近，佳铃却始终无法看清楚，他是建宏吗？那么年轻、英挺和帅气。

他慢慢靠近佳铃，佳铃有点喜悦，又觉得有点陌生，他是建宏吗？佳铃感觉到自己的心跳加速，脸上一阵热。她仔细地看着这个帅气的年轻人。

"建宏！你是建宏！"

佳铃狂叫着，眼罩的下缘渗出了泪水。

建宏看着佳铃微微地笑着，并伸手轻抚着佳铃的头发。

"佳铃，让你受苦了。离开你是不得已的，我必须来这里，这里有很重要的工作需要我。"

"我不要你离开我，我不能没有你！建宏。"

"我知道，我知道我们彼此相爱，这永远不会改变，但我必须和你分开一段时间。在不久的将来，我们就可以在这里重逢。"

建宏和过去一样轻搂着佳铃，一起看着这个奇妙的世界。

建宏告诉佳铃，这是一个奇妙的地方。佳铃若是想念他，只要心中默念着："建宏我爱你，建宏我祝福你。"佳铃就可以感受到建宏和她搂着一起讲话的感觉。

佳铃可以随时和建宏对话，不需要拨号，也不会找不到人。

建宏要佳铃好好照顾自己和孩子，等孩子长大了，建宏就可以接她来这奇妙的地方，永远不再分离，永远在一起。

建宏清楚地告诉佳铃，他一直都没有离开佳铃，只是不懂得使用通关咒语。

"保持内在的宁静和喜悦，充满爱和祝福，我们就可以随时见面，永远不再分离。"

建宏因为有工作要忙，他得离开了。他要求佳铃看着他离开，并练习刚才的咒语，以及保持身心的宁静与喜悦，并持续爱着和祝福着自己。

这时她泪流满面，泪水如泉水般滑下，重叠的手掌盈满着她的泪水，但她脸上充满了喜悦的光彩和平静。

建宏渐渐走远了，他带着佳铃满满的祝福，继续他的旅行。

生命的全新开始

　　佳铃要回到这个世界，继续完成她的任务，我引导她搭上回程的心灵列车。随着眼前的光前进，我要佳铃不可以回头，只能专注地看着前方。如果她违反规定，以后就不能再和建宏会面。

　　佳铃很听话，一路上保持着宁静和喜悦，她祝福着建宏。

　　"放轻松，你会慢慢感受到自己的身体重量，当头和肩膀有着微微的重量，手臂和身体也慢慢有了感觉，你会感觉到这个房间的存在，最后听见CD的声音。佳铃真的很棒。"

　　佳铃放松自己，而在拿下眼罩之前，她先放开自己坐得发麻的腿和僵硬的手指及手臂。她高举双手，让身体向上伸展。

　　她慢慢地取下已经被泪水浸透的眼罩，这是佳铃生命的全新开始。

　　随行的朋友和佳铃的弟妹，都像经历了一场心灵之旅，我们彼此紧紧拥抱。

　　"建宏没有离开我们！他一直很好！"

　　佳铃哭了，大家也忍不住再次落泪。

　　佳铃很冷静和喜悦地告诉我们，不需要为她担心，她明天就会去上班，做好一个妈妈的角色。建宏一直都在她身边，她觉得自己很幸福、快乐。

在回程中，我跟同去的朋友没有任何对话，我们仍沉浸在这感动的一刻。

朋友在车上告诉我，在这个过程里，连她因亲人离去的伤痛也一并被疗愈了。

"卢老师，你很了不起。"

我沉默了片刻，眼泪忍不住滑了下来。

悲痛中，仍能看见希望和力量

每个人都是一样的平凡和软弱，我也一样，我在十几年前经历了父丧之痛。当时我父亲在众人面前，谈到高兴时开怀大笑，导致心血管支架塌了，引发心脏病就走了。我的母亲就是经历了这样的痛楚，久久无法走出来。

看到母亲每天以泪洗面，我只能暗自垂泪，但我清楚地知道，人生是有所选择的，沉溺于悲痛是种选择，从悲痛中找到希望和力量，也是种选择。

我试着疗愈自己，也让我母亲用正向、积极的态度看待父亲的离去。当然，我的方法和前面对佳铃使用的方法不同，因为佳铃不是我的亲人，偶尔才可能见面一次。

人的头脑很难超越情绪的影响，我用了一些冥想和催眠的技巧，让佳铃看见、听见和感受生命的喜悦，让她经历一段美好的旅程，重新定义先生的离去。

我引导她合理化先生不再回到身边的伤痛，也让她重新选择对自己、亲人和先生都好的方式，那是面对自己内在一再的伤痛的处理方法。

生命是一种永远的学习

生命是一种学习，我并不是什么专家，我和大家一样，都在生命中学习和提高自己，只是我比较幸运，拥有比其他人更多的学习机会。不过更重要的是，从父母对自己的影响和后来在生活、工作中一再地操练自己，我选择做一个永远正向积极的人。

今天的经历，看起来像是我在协助佳铃处理她的丧夫之痛，但其实也是在增强我自己对生命的信念。当时在场的人受到莫大的感动，我也是泪流满面。

　　"伤痛时，如果我们知道这不是惩罚和报应，而是恩典和礼物，我们就能面对阳光，自然也就会看到希望。"

　　这不是想法，而是一种习惯。习惯都是从不习惯中来的，一再地坚持练习，最后就能自然地反应。

人生的重建课

关于疗愈

"厄运"是不存在的，

因为上帝赐予每个人的恩典不同。

任何事情的发生都有原因，

也都会是上帝最好的安排。

因为你相信，

你就能拥有。

就像你相信惩罚和厄运，

你就会被它们所苦。